高等院校「十三五」艺术类专业精品课程规划系列教材

U0332714

3DS Max
Interior Design presentation
& Roaming Animation

3DS Max 室内外设计表现与漫游动画

（第2版）

叶燊　向孟琛　主编

武汉理工大学出版社
WUTP　Wuhan University of Technology Press

图书在版编目（CIP）数据

3DS Max 室内外设计表现与漫游动画 / 叶燊，向孟琛主编 . — 2 版 . — 武汉：武汉理工大学出版社，2017.1（2019.1 重印）
ISBN 978-7-5629-5457-6

Ⅰ . ① 3… Ⅱ . ①叶…②向… Ⅲ . ①室内装饰设计－计算机辅助设计－图形软件②室外装修－建筑设计－计算机辅助设计－图形软件③动画－建筑制图－计算机辅助设计 Ⅳ . ① TU238 — 39 ② TU204

中国版本图书馆 CIP 数据核字（2017）第 301147 号

项 目 负 责 人：杨　涛
责 任 编 辑：杨　涛
责 任 校 对：王　体
装 帧 设 计：陈　西
出 版 发 行：武汉理工大学出版社
社　　　　址：武汉市洪山区珞狮路 122 号
邮　　　　编：430070
网　　　　址：http://www.wutp.com.cn
经　　　　销：各地新华书店
印　　　　刷：湖北恒泰印务有限公司
开　　　　本：880×1230　1/16
印　　　　张：7
字　　　　数：252 千字
版　　　　次：2017 年 1 月第 2 版
印　　　　次：2019 年 1 月第 3 次印刷
定　　　　价：46.00 元

高等院校"十三五" 艺术类专业精品课程规划系列教材
编审委员会名单

前言

　　随着我国经济的高速增长，人们生活水平的不断提高，对生活质量的要求更高，设计行业也随之得到更大的发展。由于计算机硬件与软件的不断更新，人们可以利用计算机对设计目标进行全方位的深度设计。设计基本上可以分为两部分，即设计创作和设计表现，在国内建筑与装饰行业中体现得尤其突出。为了展示设计效果，需要绘制大量的设计方案，不论是针对客户还是参与投标，建筑室内外渲染表现以其出众的表现力得到了发展的空间，并衍生出一个充满希望与挑战的行业——效果图制作与建筑漫游动画制作。

　　本书主要介绍室内外效果图表现与建筑漫游动画制作的基本操作。通过实例教程对3DS Max软件制作程序进行讲解，分别介绍室内外的静态渲染表现、简单的动画制作方法，以及人物、汽车等动画中常用物体的制作方法。本书作为初学者打开通往3D殿堂大门的钥匙，希望读者从中学到建筑渲染与漫游动画的基本操作技巧与制作经验。而且，渲染表现与建筑漫游动画的操作，不仅是单纯使用软件功能的过程，操作者对建筑的认识以及自身美术功底，都会直接影响到作品的表现效果。所以，提高自身的综合素质，是成为一名优秀的CG人材的必要条件。

编者

2016年11月

目录

3DS Max 2012软件介绍

[本章导读]

本章主要介绍3DS Max软件的运用设计表现程序与基本操作界面，为软件的进一步深入学习做好铺垫。

1.1 软件发展及应用领域

3D Studio Max，常简称为3DS Max或Max，是Autodesk公司开发的基于PC系统的三维动画渲染和制作软件。广泛应用于广告、影视、工业设计、建筑设计、多媒体制作、游戏、辅助教学以及工程可视化设计等领域（图1-1）。

20世纪90年代中期，3DS Max开始应用于设计领域，因其功能强大、操作简单、效果真实可见，得以迅速推广，在国内尤其是建筑效果图和建筑动画制作领域，成为了占据绝对优势的应用软件。

1.2 3DS Max的设计表现程序

3DS Max是目前被广泛运用的三维动画制作软件，其强大的功能与开放性，使它在建筑动画领域无可替代。建筑动画的学习首先是对一个操作软件的学习认识，在这里有必要对3DS Max的相关概念进行准确了解，这对学习理解3DS Max有很大的帮助，同时，这些概念也是动画制作的原理。

1.2.1 建模

建模指在3DS Max中创建可进行参数设置的有型物体，由点、线、面组成，通过对它的修改操作来完成物体的创建，是动画制作的基础。

1.2.2 材质与贴图

3DS Max创建的物体并没有纹理特征，是不真实的，所以需要对物体进行包装，也就是赋予其材质与贴图。材质是依据真实世界不同物质的质感，通过3DS Max软件以数据形式体现，从而完成对创建物体的颜色、纹理、亮度、透明度的设定。贴图是基于材质基础的图片显示，可通过真实世界的图像或其他软件制作的图像用不同的贴图方式对其材质进行设置，以实现真实的效果。

图1-1

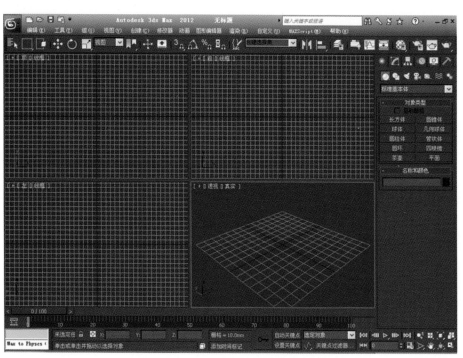

图1-2

1.2.3　灯光与渲染

与真实世界一样，在3DS Max中可利用灯光来体现3D模型的形状、颜色、质感、层次，与材质、贴图相互作用。最终的设计效果通过渲染器输出为直接可视的图像文件，渲染器的设置与选择也对最终效果有着重要的作用。

1.2.4　动画

前期制作完成的场景可运用摄影机工具，通过帧与关键帧的设置，使摄影机或物体运动，先制作成分离的图像，合成后快速播放，形成流畅的动画效果。

1.3　软件基本操作界面

安装好3DS Max软件之后，双击桌面的启动标志，进入3DS Max的工作界面，软件界面窗口分为7个区域，如图1-2所示分别为菜单栏、主工具栏、视图区、命令面板、动画制作区、窗口控制板、状态栏。

1.3.1　菜单栏

主菜单位于屏幕最上方，提供了命令以供选择，其形状与Windows菜单相似。主菜单上共有11个菜单项，点击可打开下拉菜单（图1-3）。

将软件左上角 按钮打开可以完成新建文件、另存文件、导入、输出等操作。

菜单栏中的许多菜单命令都可以在工作界面中的主工具栏、命令面板或者右键单击弹出的快捷菜单中找到。比如"创建"主菜单下的"标准基本体"子菜单下包含有10种三维基本体的创建命令，这些创建命令都可以在命令面板内的"创建"面板中找到，而且功能完全相同（图1-4）。如"工具"菜单、"修改"菜单等，都是与命令面板、主工具栏中的一些命令按钮相互对应的。

1.3.2　主工具栏

3DS Max软件执行操作命令的主要方式只有在1280×1024的分辨率中才能全部显示出来，将鼠标置在工具条上，当显示为 时可左右拖动显示。工具栏右下角有小三角标记说明有多重按钮的选择，点击可打开切换工具。默认情况下主工具栏停靠在菜单栏下方，用户可将光标移动到主工具栏的最左端，当光标变成 状态后，拖动或双击鼠标，可使其变成浮动式工具栏（图1-5）。

主工具栏常用工具功能如下：

左边按钮为选择对象，使之和其他对象链接，右边按钮为撤消链接。

结合到空间扭曲，使物体产生空间扭曲效果。

选择对象按钮，单击对象将其选择，视图中所选对

图1-3

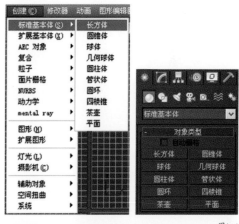

图1-4

图1-5

象以白色线框显示。

矩形选择区域，它下面有个小三角形，用鼠标按住后，还有椭圆和自由边框两种选择。

选择过滤器，如框内选择灯光，将在视图中只能对灯光对象选择操作。

根据名字选择物体，单击打开，选择其中对象名称。

选择并对对象进行移动操作。

选择并旋转物体。

选择并缩放物体，它下面还有两个缩放工具，一个是正比例缩放，一个是非比例缩放，点击小三角形即可以看到这两个缩放的图标。

使用物体轴心点作为变换中心，它还有两个选择，一个是使用选择轴心，另一个是使用选用转换坐标轴心。按定它后可以见到两个轴心变换图标。

捕捉，有2维捕捉、2.5维捕捉以及3维捕捉

角度捕捉切换，打开执行旋转命令，可控制旋转角度。

对当前选择的物体进行镜像操作，可产生具备多种特性的克隆对象。

将选择的对象与目标对象对齐。

材质编辑器，打开后就会弹出一个材质编辑窗，从而对物体的材质进行贴图处理。

渲染设置按钮，对当前场景进行渲染设置并渲染。

渲染帧窗口，打开后弹出一个渲染窗，设置动画的输出时间、输出大小、图质等参数。

快速渲染按钮，按照默认设置进行场景渲染。

1.3.3 视图区

软件默认为四个视图，分别为顶视图、前视图、左视图和透视图。使用鼠标左键或右键单击视图即可在该视图上进行操作，也可使用快捷键切换视图操作。在视图窗口左上角文字处单击鼠标也可在实现视窗切换（图1-6）。

视图快捷键与名称如下：

T=Top（顶视图）

B=Bottom（底视图）

L=Left（左视图）

R=Right（右视图）

U=User（用户视图）

F=Front（前视图）

K=Back（后视图）

C=Camera（摄影机视图）

键盘上的G键可快捷打开或关闭视图网格以观察设计创建效果。

在视图左上角显示模式的文字上单击的可切换视图显示（图1-7）。

用户还可以自定义视图的显示方式和整体布局。在菜单栏中执行视图／视口配置／布局命令：打开"视口配

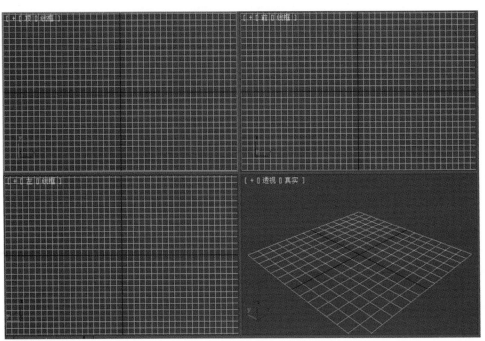

图1-6

置"对话框，在该对话框中单击"布局"标签，进入"布局"面板，在该面板中提供了视图划分方法以及视图的显示方式（图1-8）。

用户还可以根据自己的要求对视图的大小进行任意调整。将鼠标置于视图与视图交界处，这时鼠标将变为✛，拖动鼠标即可调整视图的尺寸。如果用户需要将视图还原为调整之前的状态，可以通过执行"重置布局"命令将视图尺寸还原：将鼠标置于视图与视图的交界处，右击将会弹出"重置布局"命令菜单，执行该命令后，即完成视图的重置操作。

1.3.4　命令面板

命令面板在视图区的右边，共有6个基本命令面板组成，用于模型的创建和编辑修改。每个面板下面为对应的命令操作内容，其中项目内容左侧的"+""-"表示控制内容是否显示，当面板底部内容不能显示时，可用🖑向上拖动以显示内容。命令面板如图1-9所示。

创建：可创建二维图形、三维图形、灯光、摄影机等基本物体。

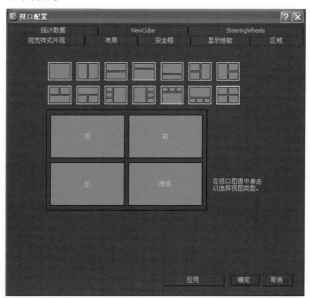
图1-8

图1-7

图1-9

5

修改：可更改物体尺寸参数及物体变形等物理特征。

分层：可更改物体轴心位置并控制物体的层次连接。

运动：主要用于动画制作参数设置，可进行位移、缩放、轨迹等运动。

显示：控制并影响物体在视图中的现实状态，可显示、隐藏物体。

实用程序：包含常规实用程序和插入实用程序。

1.3.5 动画制作区

动画制作区位于软件界面的下部，分为时间轴和动画控制区，主要有以下内容：

（1）时间滑块和轨迹栏用于控制动画，"时间滑块"能显示当前帧，并可以将其拖动到活动时间段中的任何帧上（图1-10）。

（2）动画控制区中的命令按钮主要用来定义场景动画的关键帧、控制动画的播放、进行动画帧的选择以及时间控制等多项任务（图1-11）。

1.3.6 窗口控制板

窗口控制板是针对视图窗口的控制，从左到右，从上到下，依次是：缩放、缩放所有视图、最大化显示、所有视图最大化显示、视野控制、平移视图、环绕、最大化视图窗口切换（图1-12）。

1.3.7 状态栏

状态栏显示正在创建编辑时的操作命令，其中选择锁定切换按钮允许用户在启用和禁用选择锁定之间进行切换。单击该按钮启用锁定，则不会在复杂场景中意外选择其他内容。如果要取消选择或更改选择，需要再次单击该按钮，以禁用锁定选择模式（图1-13）。

图1-10

图1-11   图1-12

图1-13

2

建模基础

[本章导读]

本章主要学习3DS Max软件的基本操作方法，通过简单直接的建模以及工具面板的操作设置，掌握软件的基本使用方法以及软件的三维特点。

2.1 建模与建模原则

在概念上，3DS Max所有创建出来的对象都是有体积概念的，包括灯光都可以称为模型对象。

使用3DS Max建模应该遵循以下原则：

（1）尺度。我国大部分建筑设计都是以毫米为设计单位，所以建模也以毫米为单位，以便于模型数据的输入和文件交换。对于一些配景对象如树、人等没有固定尺度的，要注意与模型尺度的比例，避免比例失调造成不真实的效果（图2-1）。

（2）场景越大，模型越复杂，对计算机的处理和渲染速度产生的影响就越大，对于这些问题一般采取以下几种方式来处理：精简多边形和顶点数量；删除不可见的面、简化模型等；对于大场景或远、中、近景的模型可采用不同的精细程度；对于远处的模型直接用贴图代替；对于一些特效，可以在后期编辑软件中制作。总之，我们的目的是利用各种资源，达到最优的组合效果（图2-2）。

2.2 基础建模

2.2.1 标准基本体

3DS Max软件命令面板的■创建按钮下为各项创建命令，在●几何体项目下可通过点击选择框边的按钮打开选择标准基本体或扩展基本体，创建现成可调的三维物体模型，并通过对三维数据的调节以搭建设计模型，如同积木堆积来构筑模型效果。

2.2.2 制作沙发

步骤1：打开3DS Max软件，执行菜单／自定义／单位设置，设置如图2-3。每次进行新的Max文件创建，都应进行单位设置。

步骤2：打开扩展几何体命令面板选择"切角长方体"，在顶视图左上方点击鼠标左键，向右下方拖动鼠标，然后松开鼠标左键，将鼠标向Y轴方向移动，移至合适距离点击鼠标左键，松开鼠标将鼠标指针向创建的模型

图2-1

图2-2

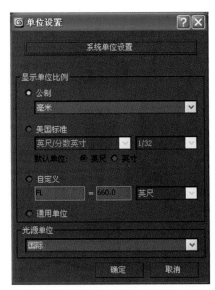

图2-3

线框内移动，再点击鼠标完成基本模型的创建，模型默认名称为ChamferBox001，为便于观察按G键关闭栅格（图2-4）。

步骤3：单击█打开修改命令面板，对面板下参数栏如图2-5进行设置。

步骤4：选择█按钮，按Shift键同时点击鼠标左键，在前视图向Y轴方向移动，松开Shift键与鼠标左键，在弹出的"克隆选项"中选择确定复制一个相同物体ChamferBox002。然后在修改命令面板上对复制物体参数进行修改，效果如图2-6所示。

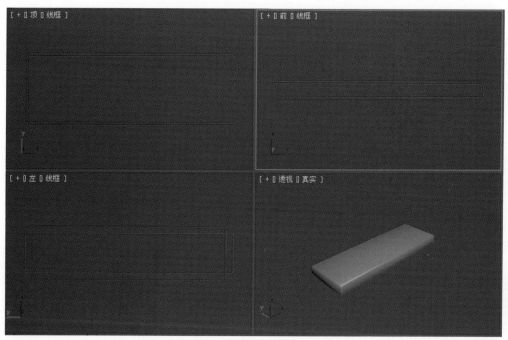

图2-4　　　　　　　图2-5

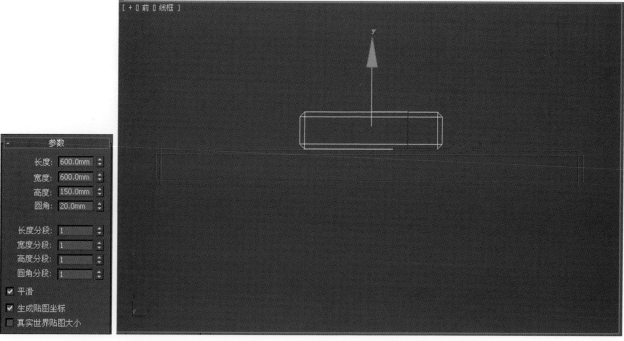

图2-6

步骤5：选择ChamferBox002，使用■对齐工具点击ChamferBox001物体，弹出"对齐当前选择"对话框，设置如图2-7所示，使两个模型在边缘对齐。

步骤6：点击✥按钮，按Shift键同时点击鼠标左键，在前视图选择ChamferBox002向X轴方向复制，在弹出的"克隆选项"对话框中将副本数设置为2（图2-8）。

步骤7：同步骤1，在顶视图中制作如图2-9设置的切角长方体，并复制到沙发另一端。

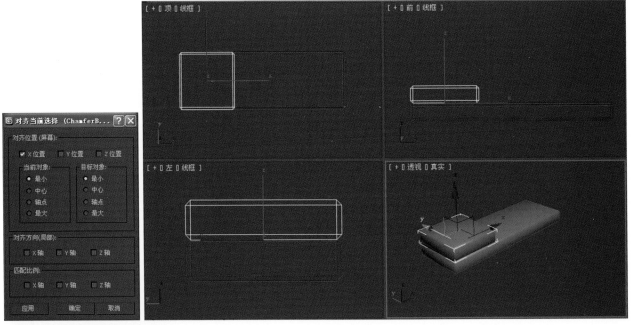

图2-7

图2-8

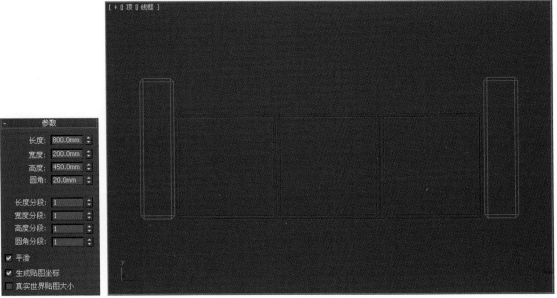

图2-9

步骤8：同步骤7，制作如图2-10设置的切角长方体并调整位置。

步骤9：按Ctrl+A键全选所有模型，单击"标准几何体"创建栏名称框旁的"颜色选择"按钮，打开"对象颜色"选择框，给模型选择一个较浅的颜色，完成沙发模型制作，点击透视图左上角线框，修改为真实显示模式（图2-11）。

2.2.3　搭建建筑物

步骤1：点击命令面板■／■／圆柱体，在顶视图单击并点击鼠标左键，绘制圆柱模型Cylinder001，在修改面板中调整参数，如图2-12。

步骤2：选中工具栏■点击鼠标右键，弹出"移动变换输入"对话框如图2-13进行设置，使Cylinder001对齐视图坐标。

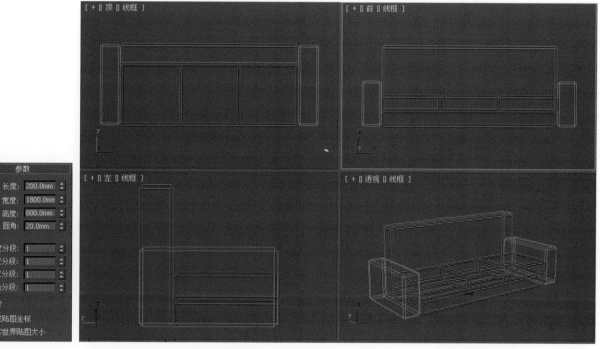

图2-10

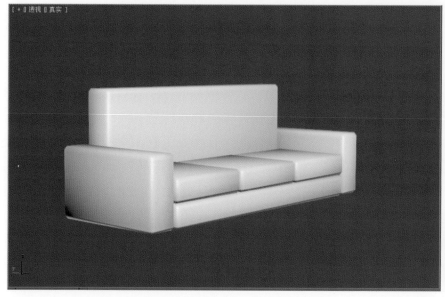

图2-11

图2-12

图2-13

步骤3：点击命令面板■/◻/圆柱体，在顶视图合适位置制作四柱凉亭的一根立柱，并调整参数（图2-14）。

步骤4：选择立柱，使用✛工具选中立柱按Shift键复制，在顶视图分别将立柱移动到合适位置，选中一根立柱，按Ctrl键点击另一根立柱将其全部选中，再次按Shift键复制拖动，调整四根立柱的坐标位置，使其平均分布（图2-15）。

步骤5：制作凉亭屋顶，点击命令面板■/◻/圆锥体，在顶视图创建圆柱模型，在修改面板中调整参数，效果如图2-16。

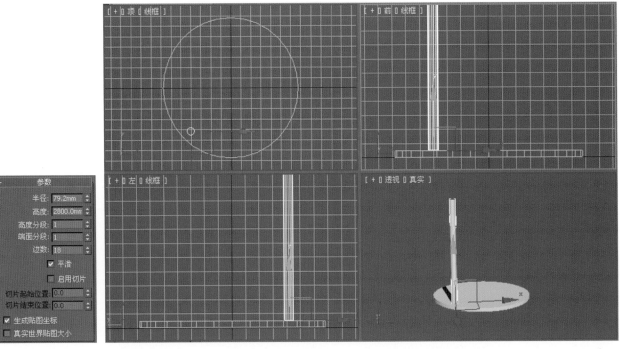

图2-14

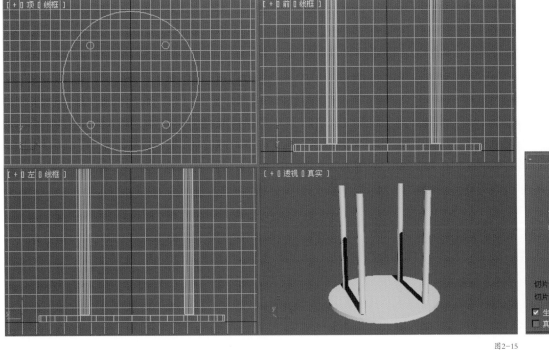

图2-15   图2-16

步骤6：选择凉亭屋顶模型，点击工具条🔲工具，在Cylinder001模型上单击打开"对齐当前选择"对话框，如图2-17进行设置，并在前视图中将屋顶模型向Y轴方向移动至合适高度。

步骤7：制作凉亭宝顶，选择标准基本体球体工具，

在顶视图中创建一球体，在前视图中使用🔲工具调整至亭顶，点击🔲打开修改命令面板，设置参数如图2-18。

步骤8：选择工具栏🔲缩放工具，在前视图中将宝顶Y轴方向向上拉伸，效果如图2-19。

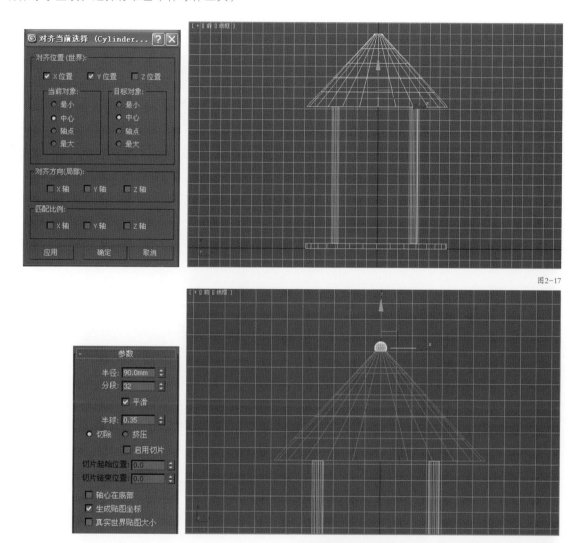

图2-17

图2-18

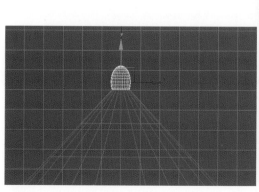

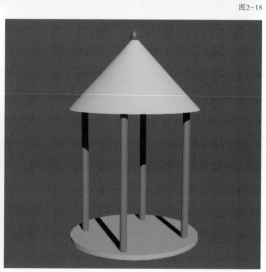

图2-19

2.3 图形建模

2.3.1 制作房门

步骤1：制作门套，点击█/█/矩形，激活前视图，创建一个矩形线框，参数设置如图2-20。

步骤2：进入修改命令面板，在修改编辑列表下点击"编辑样条线"。展开编辑样条线，点击"分段"，在视

图中点击矩形底边使其变为红色，按Delete键将其删除，如图2-21所示。

步骤3：进入修改命令面板，进入样条线编辑级别，点击修改层级中"Line"前的"+"号，点击"样条线"进入样条线编辑级别，向上滑动修改面板，在"几何体"项目中，点击"轮廓"按钮，输入"-80"，生成门套平面（图2-22）。

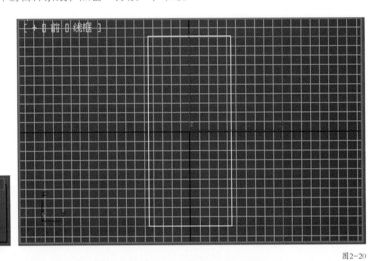

图2-20

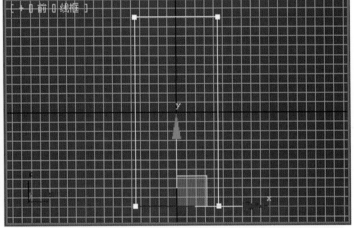

图2-21

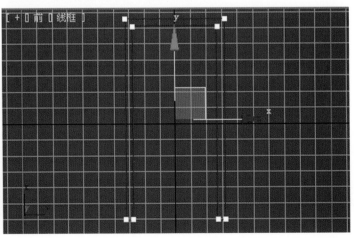

图2-22

步骤4：点击 进入修改命令面板，在"修改"的列表中选择"挤出"，并设置参数如图2-23所示。

步骤5：制作房门，激活前视图，打开工具栏 捕捉开关，在开关上右击鼠标，弹出"栅格和捕捉设置"对话框如图2-24进行设置，执行命令 / / 线，在门框图形内各顶点处依次创建连续线条，在弹出的"线条闭合"对话

框中选择"是"按钮。

步骤6：点击关闭捕捉工具，在新线段为选中状态下取消"对象类型"栏下"开始新图形"前的勾选，再选择矩形工具在封闭线段内创建长条形矩形框（图2-25）。

步骤7：点击 进入修改命令面板，在"修改器列表"中选择"挤出"，并设置参数如图2-26所示。

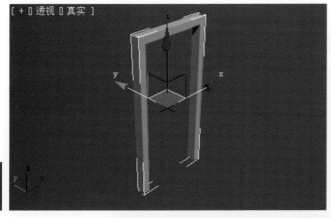

图2-23

图2-24

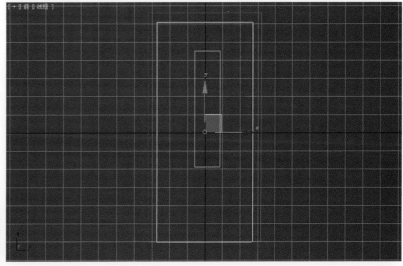

图2-25

图2-26

15

步骤8：激活顶视图，点击打开命令面板■层次面板，点击"调整轴"项目下的"仅影响轴"按钮，在顶视图中使用■移动工具将显示的轴心移至门模型的一个顶点（图2-27）。

步骤9：关闭"仅影响轴"按钮，点击工具条◯旋转工具，以轴心旋转门模型为半开状态（图2-28）。

2.3.2　制作窗帘

步骤1：点击■ / ■ / 线，在"创建方法"栏中将"初始类型"与"拖动类型"中都选为"平滑"，激活顶视图，创建一条波浪线，此线即为窗帘的宽度，再用同样的方法创建另一条波浪线（图2-29）。

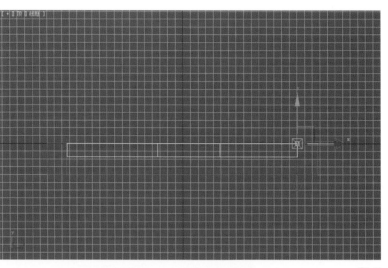

图2-27

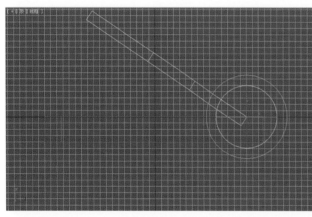
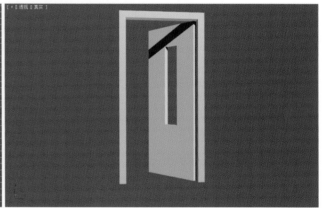

图2-28

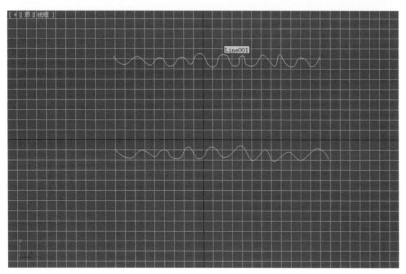

图2-29

步骤2：进入修改命令面板，在修改栏中点击"Line"前的"+"号展开，选择"顶点"级别，在顶视图中点击需要修改的节点，然后点击鼠标打开右键菜单，选择其中的"Bezier方式"调节节点，分别调整两条波浪线至自然流畅。

步骤3：在前视图中创建一条垂直的直线作为窗帘的高度，按P键转换为透视图，点击 ■/ ■/ 创建类别按钮，选择"复合对象"，点击"类型"下的"放样"按钮，然后

再点击"创建方法"下的"获取图形"按钮，并在视图中点击一条较密的波浪线（图2-30）。

步骤4：此步骤如在真实显示模式下不能正常显示效果，在命令面板上点击展开"蒙皮参数"栏，勾选选项栏下的"翻转法线"即可正常显示（图2-31）。

步骤5：将命令面板下"路径参数"项中的路径值设为100，再次点击"获取图形"按钮，在视图中点击第二条波浪线，完成窗栏模型制作（图2-32）。

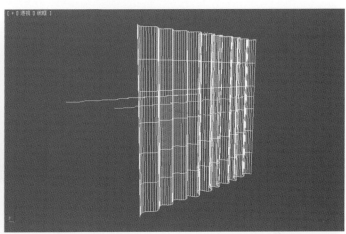

图2-30

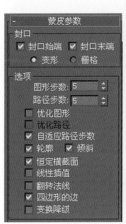
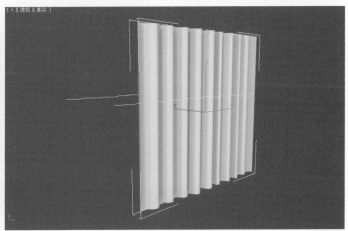

图2-31

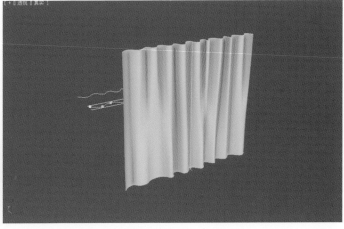

图2-32

17

2.3.3　制作花瓶

步骤1：打开3DS Max软件，执行■/■/线，在前视图中创建出如图2-33所示的封闭线条。

步骤2：点击■进入修改命令面板，选择"顶点"级别，在软件右下角视图控制区点击■最大化显示前视图，对

定点进行光滑效果调节（图2-34）。

步骤3：点击打开"修改器列表"，选择"车削"命令，在修改命令面板参数栏的"对齐"项下点击"最小"（图2-35）。

步骤4：如花瓶模型需要修改，可重新进入模型修改级别的"Line"项进行顶点调节至满意（图2-36）。

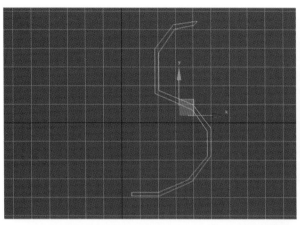

图2-33

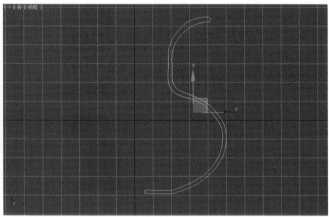

图2-34

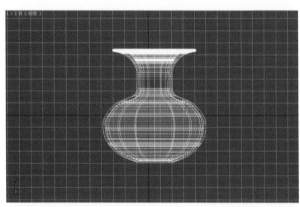

图2-35

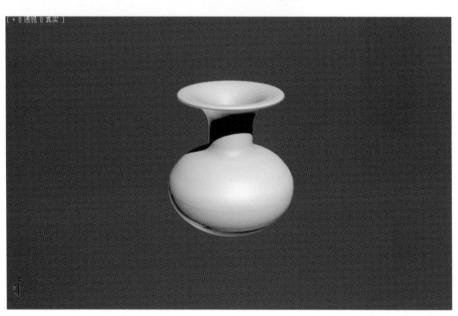

图2-36

2.4 复制建模

2.4.1 茶具

步骤1：点击命令面板▣/▣，选择"长方形"在顶视图中创建一个长方体作为桌面。选择"茶壶"在桌面上创建一个茶壶模型，在前视图中将茶壶模型移至桌面上，并在颜色框中给两个物体模型选取合适的颜色（图 2-37）。

步骤2：激活前视图，点击界面右下角▣最大化显示前视图，制作一个茶杯（图2-38）。

步骤3：按T键切换至顶视图，点击界面右下角▣使所有视图最大化显示。选中茶杯模型，在命令面板上点击▣打开层次面板，点击"仅影响轴"按钮，在顶视图中将显示的轴心使用▣工具移至茶壶中心位置（图2-39）。

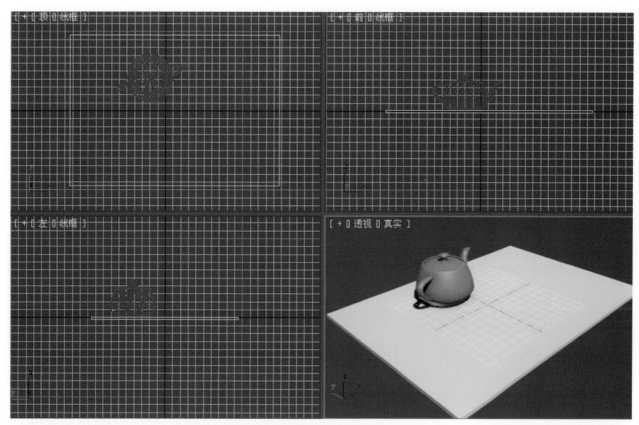

图2-37

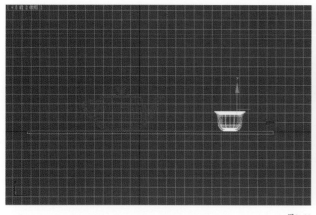

图2-38

图2-39

步骤4：在工具栏中点击 "选择并旋转" 工具，关闭 "仅影响轴" 按钮。按Shift键用鼠标沿轴心拖动旋转，弹出 "克隆选项" 对话框，将副本数设为3个，点击 "确定" 完成复制（图2-40）。

2.4.2　楼梯

步骤1：点击命令面板 ／ ，选择 "长方体" 在左视图创建一个长方体作为楼梯踏步，参数设置如图2-41所示。

步骤2：再次点击 "长方体"，在Box001模型下方再次创建一个长方体，调节Box002参数如图2-42所示。

步骤3：打开工具栏中的 "捕捉" 开关，选择 捕捉工具，鼠标右击 按钮，在弹出的 "栅格和捕捉设置" 对话框中进行设置，如图2-43所示。

步骤4：选择Box002物体，使用 工具放置在Box002左上角点击，将模型顶点对齐Box001左下角顶点（图2-44）。

步骤5：点击菜单栏中的 "工具" 菜单，在下拉菜单中选择 "阵列"，在弹出的对话框中设置参数并点击 "确定"（图2-45）。

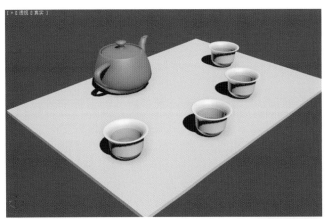

图2-40

图2-41

图2-42

图2-43

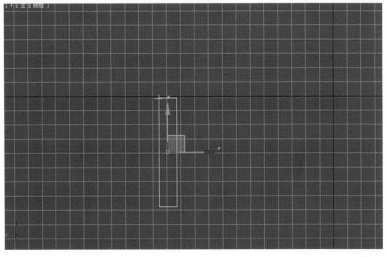

图2-44

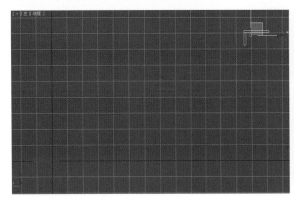

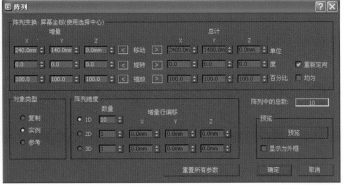

图2-45

步骤6：楼梯模型效果如图2-46所示。

2.4.3　植树

步骤1：点击命令面板■/⊙，选择"长方体"在顶视图中创建一个正方形作为地面模型。

步骤2：打开工具条■捕捉按钮，点击鼠标右键，在弹出菜单勾选"确定顶点"。点击命令面板■/⊙，选择"矩形"，从Box001左上角顶点到右下角顶点创建一个等大矩形。取消图形创建面板下"开始新图形"前的勾选，再点击"矩形"按钮，在顶视图中创建一个矩形（图2-47）。

步骤3：点击☑进入修改命令面板，展开"可编辑样条线"，单击"顶点"，使用■工具点击鼠标右键，在弹出菜单中选取"Bezier角点"，调节各个顶点。在修改面板的"差值"栏内勾选"自适应"，调节效果如图2-48所示。

步骤4：选中修改命令面板"可编辑样条线"菜单的样条线级别，单击视图中的矩形轮廓使其红色显示，向上滑动修改命令面板。在"几何体"栏目下先单击"布尔"按钮的☑，再点击"布尔"按钮，然后在视图中单击修改为弧形的矩形框（图2-49）。

步骤5：关闭"可编辑样条线"，打开"修改器列表"，选中"挤出"，设置参数为100mm，效果如图2-50所示。

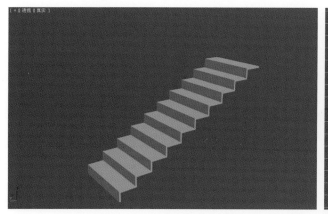

图2-46

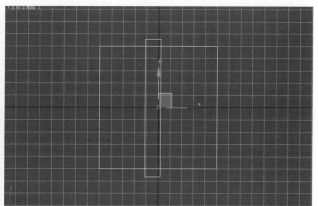

图2-47

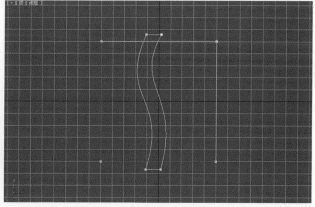

图2-48

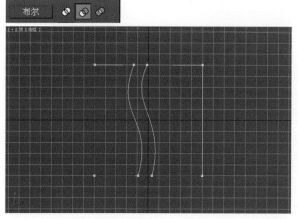

图2-49

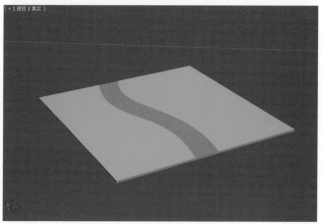

图2-50

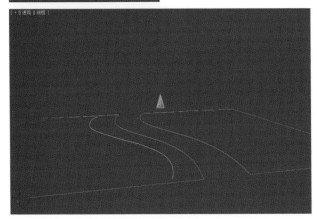

图2-51

步骤6：点击命令面板 ■ / ■，在顶视图中沿弧形路面再创建一条弧线，然后使用圆柱和圆锥形模型创建一棵树状模型。选取圆柱和圆锥，点击菜单栏中的"组"菜单，在下拉菜单中选择"成组"，并在弹出的对话框中将其命名为"树"（图2-51）。

步骤7：保证树模型为选中状态，在前视图中将树木模型轴心调整至底部，切换为透视图。在菜单栏中依次点击工具／对齐／间隔工具，弹出"间隔工具"对话框，点击"拾取路径"按钮，依路径间隔复制出树木模型，也可调节对话框中数字框的数字以改变复制数量（图2-52）。

2.5　修改建模

2.5.1　显示器

步骤1：在前视图中创建一个立方体，参数设置如图2-53所示。

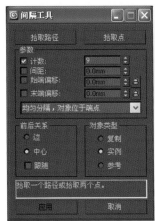

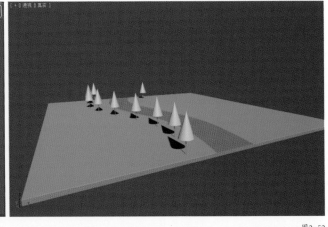

图2-52

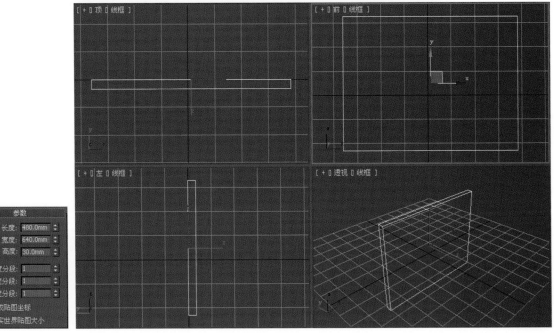

图2-53

步骤2：打开修改命令面板，在"修改器列表"中选择"编辑多边形"，展开编辑多边形级别，选择"多边形"。激活透视图，按 ![icon] 全屏显示并使用 ![icon] 工具调整角度，点击选择长方体的一个面（图2-54）。

步骤3：向上拖动修改命令面板，在"编辑多边形"项目下点击"插入"，在选择的面上向下滑动鼠标（图2-55）。

步骤4：点击"挤出"按钮，在视图中的选择面上滑动，使面适度凹进长方体（图2-56）。

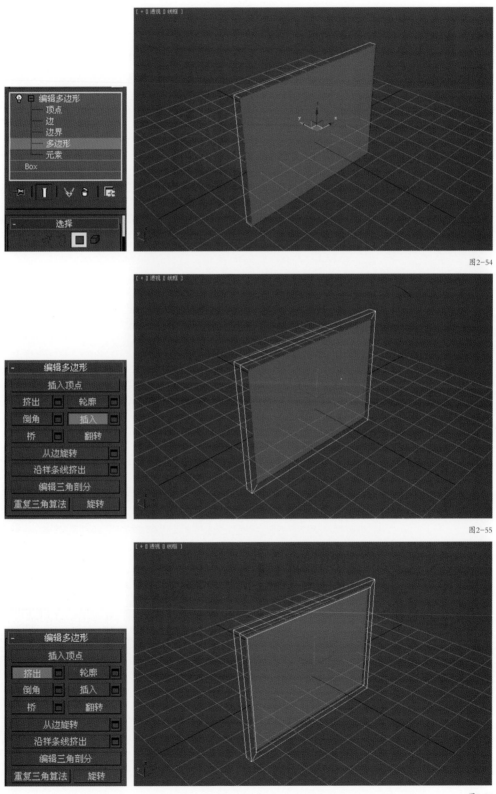

图2-54

图2-55

图2-56

步骤5：向上滑动修改命令面板，"编辑几何体"卷展栏下点击"分离"按钮，将其从立方体中分离为独立物体（默认名为对象）。点击H键，打开"从场景选择"对话框，选择对象物体，再点击修改命令面板名称栏旁的颜色框，将颜色改为其他色彩。将透视图显示模式改为真实显示模式，效果如图2-57所示。

步骤6：在透视图中使用视图区  工具，将模型旋转至背面时，继续选择"多边形"级别选中模型背面，在"编

辑多边形"项目下点击"倒角"，在透视图中点按鼠标向上滑动使面向外突出，再次点按鼠标向下滑动使突出的面缩小形成倒角效果（图2-58）。

步骤7：再次旋转视图，观察模型效果如图2-59所示。

2.5.2 床

步骤1：打开 ，选择"平面"在顶视图中创建一个长方体，参数设置如图2-60所示。

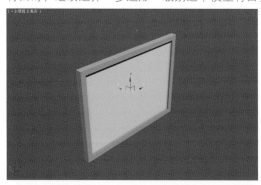

图2-57

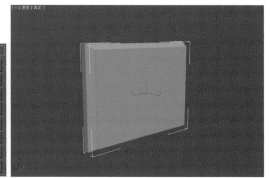

图2-58

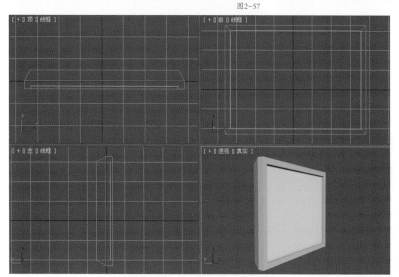

图2-59

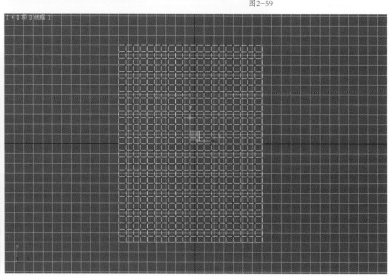

图2-60

步骤2：打开修改命令面板，在"修改器列表"中选择"编辑多边形"，展开编辑多边形级别，选择"顶点"，单屏显示顶视图，并使用工具选择除左、右与底边的所有顶点（图2-61）。

步骤3：按P键切换至透视图，使用调整视图角度，在视图空白处单击"取消选择"。使用工具将底边的顶点进行X或Y轴方向移动，制作布纹效果（图2-62）。

步骤4：点击"编辑多边形"取消对顶点的选择，将视图显示模式改为"真实"。在"修改器列表"下拉菜单中选择"网格平滑"，将迭代次数改为3（图2-63）。

2.5.3　圆桌

步骤1：使用"圆柱体"在顶视图中创建桌面模型，设置如图2-64所示。

步骤2：创建桌腿，使用"圆柱体"在顶视图中创建桌腿模型，参数设置如图2-65所示。

步骤3：选中桌腿模型，按Shift键与鼠标左键点击模型拖动，在弹出的"克隆选项"中选择"实例"，点击"确定"完成复制。再复制出另外两个桌腿模型，并移动至合适位置。在前视图将桌面模型上移至桌腿高度（图2-66）。

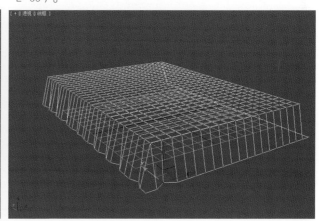

图2-61

图2-62

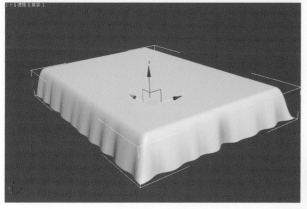

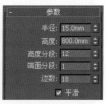

图2-63　　　　　图2-64　　　　　图2-65

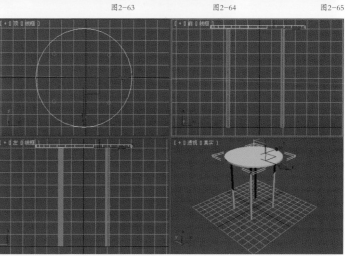

图2-66

25

步骤4：选择一个桌腿模型，点击修改命令面板，在"修改器列表"下拉菜单中选择"锥化"进行修改，如图2-67所示设置锥化参数。由于其他三个桌腿模拟为"实例"复制，因此同时产生锥化修改。

步骤5：在前视图中全选四个桌腿模拟，再次选择"锥化"修改，如图2-68设置参数，完成个性圆桌模型创建。

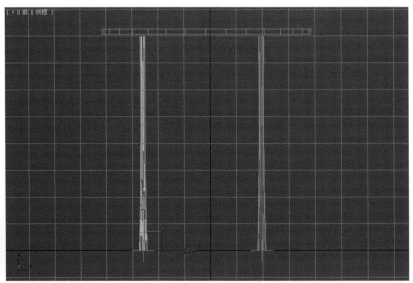

图2-67

图2-68

P3

灯光与摄影机

[本章导读]

灯光与材质的体现是3DS Max设计效果的主要表现内容。在3DS Max软件制作中，物体的质感与灯光强度有着必然的联系。摄影机是模拟人的观察视点来观看设计表现效果，动画制作也必须依赖于对摄影机的操作，本章将主要学习灯光以及摄影机的创建与设置。

3.1 灯光类型与设置

3DS Max软件的灯光系统随着软件的升级不断改进，变得更具开放性与兼容性。目前，可兼容多种灯光照明渲染插件，还可以满足各种场景灯光设计的需要。

3DS Max软件自带的灯光类型有两种，分别为光度学灯光和标准灯光。

3.1.1 光度学灯光

光度学灯光是按照真实物理世界的灯光照明进行计算的，实用光度学灯光在建立模型时必须使用真实尺度，用它配合光能传递渲染器进行渲染，可表现出真实的设计效果。光度学灯光适用于室内渲染表现。在灯光创建面板下拉选择框中选择"光度学"，即打开灯光创建面板，面板可提供3种基本物理光度学灯光，在 ▣ / ◀ 系统栏目下，提供日光和太阳光系统（图3-1）。

光度学灯光的参数设置主要是常规参数、强度／颜色／衰减、图形／区域阴影、阴影参数、阴影贴图参数和高级效果等。

3.1.2 标准灯光

标准灯光位于 ▣ / ◀ 面板下，它是基于计算机的模拟灯光对象，一共有8种灯光类型，可以设置灯光的分布、强度、色温以及其他模拟真实光照的特性（图3-2）。

3.1.3 灯光的设置

场景效果同灯光的设置密不可分，在设置方式上以标准灯光为例，主要有以下几类：

（1）常规参数卷展栏：主要用来设置灯光的开关以及启用阴影类型等（图3-3）。

（2）强度／颜色／衰减：主要设置灯光的强度、颜色、衰减等物理属性，其中"倍增"设置灯光的强度，当值为0时，则关闭灯光，颜色框可设置灯光色彩。"近距衰减"可设置灯光从发光点到最亮处之间的距离。"远距衰减"可设置开始衰减到没有照明处的距离（图3-4）。

（3）阴影参数：用来设置灯光对应的阴影效果，颜色框可选择设置阴影颜色，设置为灰度时为投影的透明度（图3-5）。

图3-1

图3-2

图3-3

图3-4

图3-5

（4）高级效果：可设置对象表面受灯光影响的区域，还可以设置灯光投影的贴图效果（图3-6）。

3.1.4　灯光的阴影

要使物体产生真实的投影效果，先在常规参数卷展栏中，勾选阴影栏下的"启用"，然后选择投影方式，再通过阴影参数卷展栏中进行设置即可。选择的投影方式不同，阴影参数栏设置的项目也不一样（图3-7）。

为了使场景能达到真实的效果，可根据需要对灯光进行投影设置，使场景物体产生投影效果，在一般使用中常用的有以下几种投影方式：

（1）阴影贴图：这种投影使阴影边缘较柔和，渲染时间短，阴影不够精确，不能支持透明贴图（图3-8）。

（2）光线跟踪阴影：这种投影方式阴影精确，支持透明和半透明物体产生透明阴影，缺点是渲染速度慢，投影边缘生硬，适合制作强光投影效果（图3-9）。

（3）区域阴影：这种方式的投影会随着距离的增加而使边缘逐渐模糊，使投影效果更加真实，缺点是渲染速度较慢（图3-10）。

（4）高级光线跟踪：此种投影结合了光线跟踪与阴影贴图的特征，渲染速度比光线跟踪阴影慢，但比区域阴影快（图3-11）。

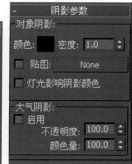

图3-6　　　　　　图3-7

图3-8　　　　　　图3-9

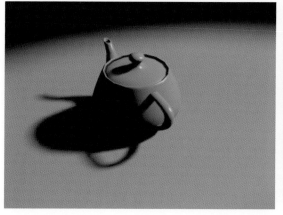

图3-10　　　　　　图3-11

3.2 摄影机

3.2.1 摄影机类型

点击■/■，在对象类型栏内显示"目标"和"自由"两个按钮，分别对应目标摄影机或自由摄影机，静态视图表现一般使用目标摄影机。

在打开或创建的场景文件顶视图中单击鼠标左键，确定摄影机位置，拖动鼠标到目标点，释放鼠标，完成摄影机添加，然后分别在其他视图中调整高度，按C键可切换至摄影机视图（图3-12）。

目标摄影机和自由摄影机在参数设置时一样，不同的是目标摄影机有目标点而自由摄影机没有，目标摄影机可

以单选目标点移动来改变视角。移动摄影机目标点不变，而移动自由摄影机的所示对象则随着摄影机的位置角度改变。

3.2.2 摄影机参数调节

目标摄影机和自由摄影机的参数设置相同，修改面板有以下内容（图3-13）：

（1）镜头与视野：镜头以毫米为单位设置摄影机的焦距。使用镜头微调器的上下箭头调节焦距值。视野模拟真人的视域效果。

（2）备用镜头：用于预设摄影机的焦距（以毫米为单位）。

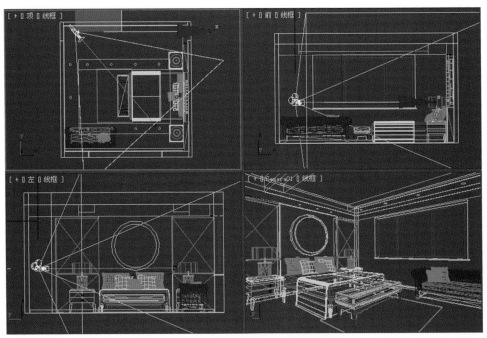

图3-12

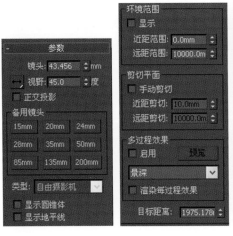

图3-13

（3）类型：将摄影机类型从目标摄影机更改为自由摄影机。

（4）环境范围：用于设置摄影机的取景范围。

（5）显示：用于在视图中显示摄影机的取景范围。

（6）剪切平面：设置近距和远距平面。对于摄影机，比近距剪切平面近或比远距剪切平面远的对象是不可视的。

（7）过程效果：使用这些控件可以指定摄影机的景深或运动模糊效果。当摄影机生成时，通过使用偏移，以多个通道渲染场景，这些效果将生成模糊。

（8）目标距离：使用自由摄影机，将点设置为用作不可见的目标，以便可以围绕该点旋转摄影机。使用目标摄影机，表示摄影机和其目标之间的距离。

景深是多重过滤效果，通过模糊到摄影机焦点某种距离处的帧的区域。

3.3 实例应用

本小节将为一个现成卧室场景进行布光，通过这个实例，我们可以了解标准灯光的使用方法，同时还可在场景中创建摄影机以了解摄影机的使用。

步骤1：打开光盘提供的卧室场景文件，这是一个简单的卧室场景模型（图3-14）。

步骤2：创建摄影机，执行命令■/■，选择目标摄影机，在顶视图预定位置单击鼠标左键，确定摄影机的位置，拖动鼠标到目标点，释放鼠标左键，完成摄影机的创建，并调整修改面板中摄影机参数，如图3-15所示。

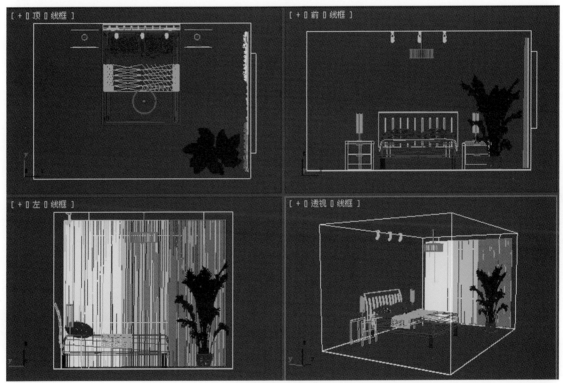

图3-14

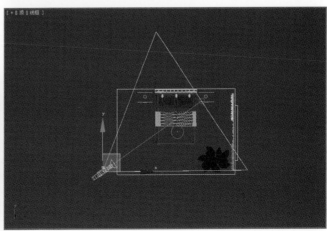

图3-15

步骤3：调整摄影机，激活透视图，按C键切换至摄影机视图，分别在前、左视图中调整摄影机的高度和目标点的高度，一般高度设置为正常人的视高，如图3-16。

步骤4：创建灯光，执行命令■/◀，在"灯光选择"栏下拉列表中选择"标准灯光"，点选"泛光灯"，在顶视图房间中心位置点击，创建一个泛光灯，在前视图中将灯光移动到房间高度的中心位置，设置修改面板"强度／颜色／衰减"栏参数，如图3-17所示。

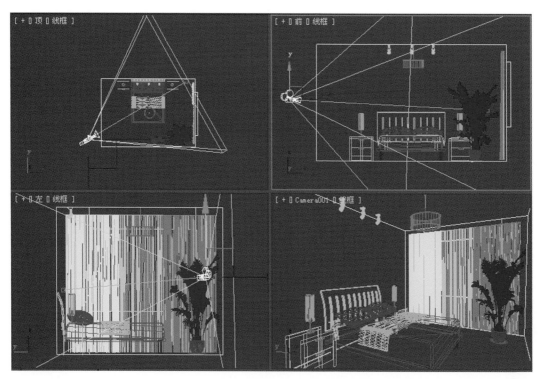

图3-16

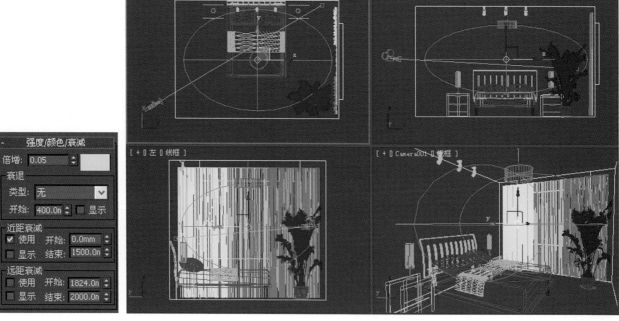

图3-17

32

步骤5：创建主灯照明。选择目标聚光灯，在前视图吊灯模型处创建一盏目标点垂直向下的目标聚光灯，灯光设置参数如图3-18所示。

步骤6：创建射灯灯光。选择目标聚光灯，在左视图射灯位置下方创建目标点倾斜的射灯效果，灯光设置参数如图3-19所示。

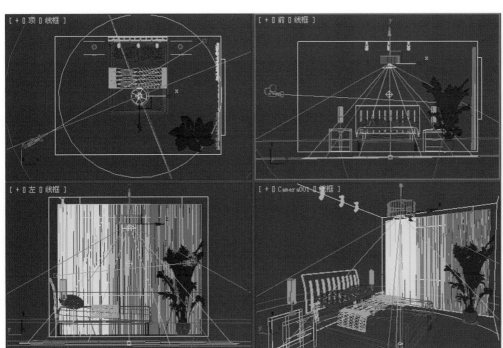

图3-18

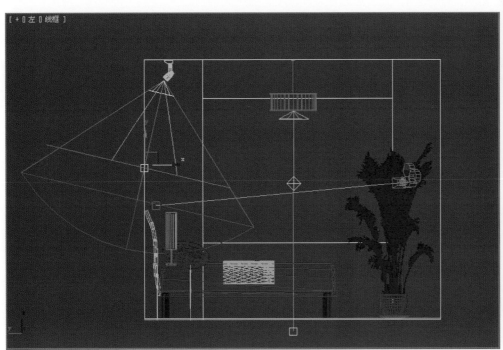

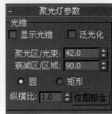

图3-19

步骤7：选择模拟射灯聚光灯，在顶视图中复制另外两盏，选择"实例"复制（图3-20）。

图3-20

步骤8：创建床头台灯灯光，在台灯处创建一盏泛光灯，结合其他视图，移动到台灯位置，在修改命令面板上设置并改变灯光颜色（图3-21）。

步骤9：创建主灯在天花板的反射效果，在顶视图吊灯处创建一盏泛光灯，在前视图中将其移动至吊灯稍高部位，如图3-22所示。

步骤10：激活透视图，点击工具栏 渲染按钮，渲染场景（图3-23）。

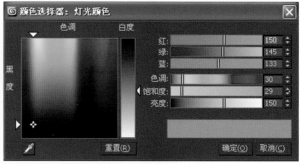

图3-21

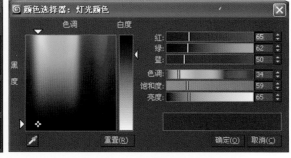

图3-22

图3-23

14

材质基础

[本章导读]

　　材质的表现是设计效果的重要体现，本章将学习材质的基本设置方法与规律。

4.1　材质的基本应用

　　3DS Max起初创建的物体没有纹理特征，缺乏真实感，因此，需要对对象进行包装，即赋予其材质与贴图。材质是依据真实世界不同物质的质感，通过3DS Max软件以数据形式得以体现，从而完成对创建物体颜色、纹理、亮度、透明度的设定。贴图是基于材质基础的图片显示，它通过真实世界的图像或其他软件制作的图像，以各种贴图方式赋予设置好的材质，以实现真实的效果（图4-1）。

4.1.1　材质编辑器

　　材质编辑器是进行材质编辑创建的工具，点击工具栏 ▓ 按钮或按M键打开材质编辑器（图4-2）。3DS Max软件从2011版本就开始使用Slate材质编辑器，它将材质编辑过程集合于一个多栏界面，其操作层级清晰。点击Slate材质编辑器菜单栏中"模式"菜单，在下拉菜单中选择"精简材质编辑器"，可进行两种界面的切换（图4-3）。

　　同许多独立软件一样，材质编辑器的布局同样划分为菜单栏、工具栏与操作界面，Slate材质编辑器的工具栏则更为简练，工具栏所列项目都是针对总界面的操作。

4.1.2　材质的基本属性

　　3DS Max创建的物体模型所表现出来的材质，具有模拟真实世界物体的特性，在材质编辑器面板上的基本参数设置，则是模拟对应现实世界中物体表面物理属性、颜色、质感而设置。

　　打开材质编辑器精简模式，在"明暗器基本参数"栏，可设置模型表面属性，点击"Blinn"选择框边的按钮，在下拉列表中选择"其他类型"，其下的"基本参数"设置栏也相应地改变，比如选择"Phong"，并调节反

图4-1

图4-2

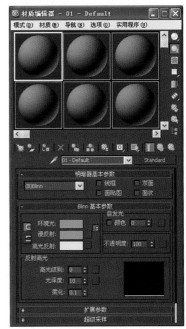

图4-3

射高光，示例球将显示出塑料材质的属性特点（图4-4）。图4-5所示为制作金属材质的明暗器。

4.1.3　材质的贴图

材质的贴图是丰富材质表现的一种手段，它是通过对真实图像文件经软件计算操作来编辑模型质感的方法，将图像文件赋予场景模型，需要对模型坐标进行设置，方法是选择"模型"，在修改命令面板下的"修改器列表"菜单中选择"UVW贴图"，并进行设置。

现在以精简材质编辑器来演示UVW贴图的使用。

步骤1：在场景中创建一个正方体，并在修改命令面板下的"修改器列表"菜单中选择"UVW贴图"，在参数卷展栏中选择包裹模式为"长方体"（图4-6）。

步骤2：打开精简材质编辑器，选择一个空白示例球，点击Blinn基本参数卷展栏下"漫反射"后的按钮，打开材质贴图浏览器，在"标准贴图"栏中选择"位图"，在电脑中选取一副图片文件，点击"确定"，点击工具栏■按钮，将材质赋予正方体，点击材质编辑器工具栏■按钮，贴图已经赋予场景物体（图4-7）。

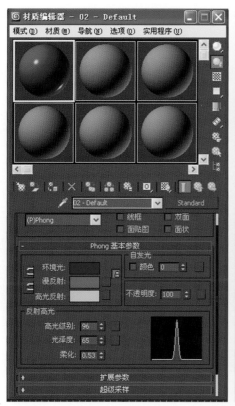
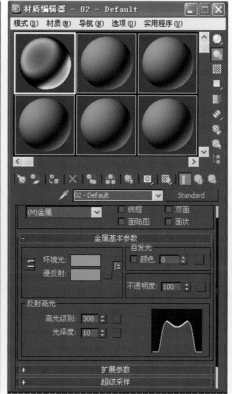

图4-4　　　　　　　　　　　图4-5　　　　　　　　　图4-6

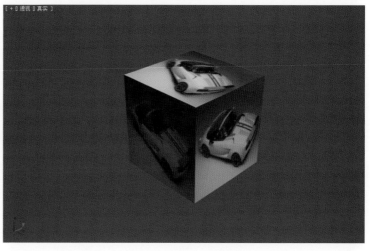

图4-7

4.2 材质的制作

4.2.1 纺织品材质

步骤1：打开一个靠垫模型文件，按M键打开Slate材质编辑器，双击"材质／贴图浏览器"面板下的"标准"材质类型，在"视图1"面板创建出一个材质类型浮动面板，双击浮动面板名称处，在右侧打开与精简材质编辑器相同的面板（图4-8）。

步骤2：如图4-9所示，设置高级漫反射与粗糙度，并点击"漫反射"后的按钮，打开材质贴图浏览器，选择"位图"，在电脑中选取一布面文件。

步骤3：打开"贴图"卷展栏，单击"凹凸"后的长按钮，同步骤2再次选取布面图片文件，返回编辑界面，点击

"漫反射"后的按钮，打开材质贴图浏览器，在Slate材质编辑器主工具栏点击█按钮，将材质赋予场景模型，点击工具栏█渲染视图，效果如图4-10所示。

4.2.2 瓷砖材质

步骤1：如图4-11创建一个简单场景，并创建灯光。

步骤2：同4.2.1案例方法打开材质编辑器，在编辑器面板右侧材质编辑面板中打开"贴图"卷展栏，双击打开"漫反射"右侧长按钮，在材质／贴图浏览器内选择"平铺"贴图，再次点击"平铺"按钮，在打开的设置面板内打开"高级控制"卷展栏，设置如图4-12所示，此参数与场景模型参数大小关联。将材质赋予场景模型，按工具栏█渲染，效果如图4-13所示。

图4-8

图4-9

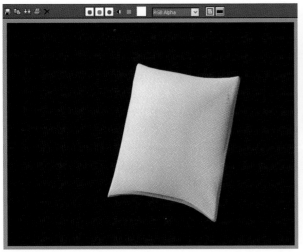

图4-10

图4-11

步骤3：双击材质编辑器"视图1"栏中材质浮动面板名称处，右侧材质编辑窗口回到原始级别，点击"贴图"卷展栏下"反射"右侧长按钮，打开"材质／贴图浏览器"，选择"光线跟踪"材质，点击"确定"返回材质编辑级别，再次打开"光线跟踪"设置面板，打开"衰减"卷展栏，如图4-14所示设置，返回编辑级别，将反射数量

改为30，将材质赋予场景模型，渲染效果如图4-15所示。

4.2.3　玻璃材质

步骤1：创建一个场景如图4-16所示，两盏灯光、摄影机和一个空间，其中包括一个圆柱体桌面、球体和茶壶。

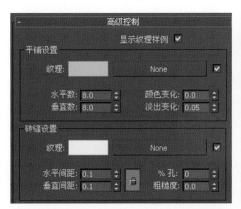

图4-12

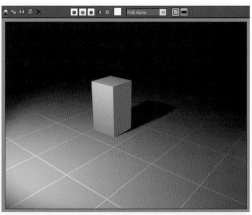

图4-13

图4-14

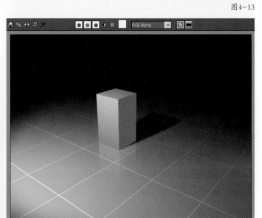

图4-15

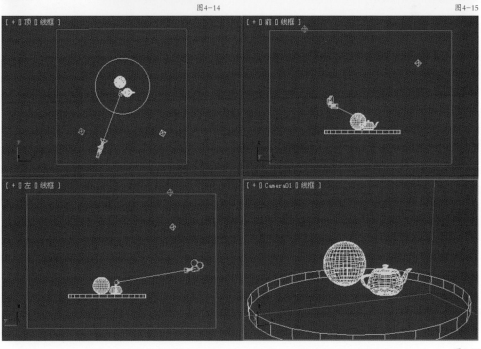

图4-16

步骤2：按M键打开材质编辑器，创建一个标准材质，命名为"玻璃"，并如图4-17所示设置，向上滑动材质编辑面板，在贴图卷展栏单击"反射"后的长按钮，在打开的"材质浏览器"中选择"光线跟踪"材质，点击"确定"。将贴图强度设置为30，再加入"光线跟踪"材质。

步骤3：渲染摄影机视图，由于反射、折射加入了光线跟踪贴图计算，渲染速度变慢，最终效果如图4-18所示。

4.3 材质使用实例

本节以一个客厅会客区场景内模型材质与贴图的设定进行练习。

步骤1：打开光盘提供的客厅材质练习文件（图4-19）。

步骤2：进行地面材料的设置。按M键打开Slate材质编辑器，双击"材质/贴图浏览器"面板下的"标准"材质类型，在"视图1"面板中创建出一个材质类型浮动面板，

图4-17

图4-18

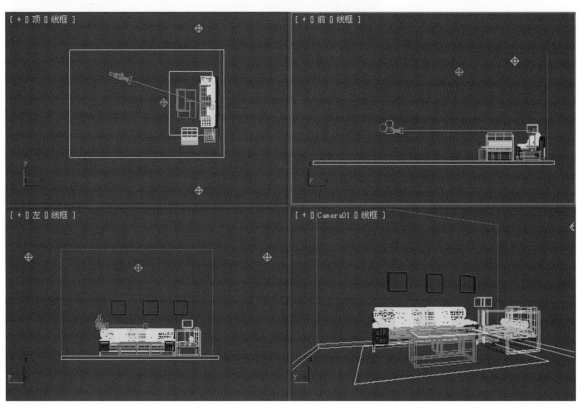

图4-19

双击浮动面板名称处，在右侧打开与材质编辑面板相同的
面板，如图4-20所示设置"Blinn"基本属性。

步骤3：设置地板贴图与反射。展开"贴图"卷展栏，
点击"漫反射"右侧长按钮打开材质贴图浏览器，从中选
择"位图"，点击"确定"，再从电脑中选取需要的贴图
文件，点击"反射"后的长按钮，从贴图浏览器中选取
"光线跟踪"，在贴图栏将强度调到30，并设置反射衰减
（图4-21）。

步骤4：将材质赋予场景中的地板模型，激活摄影机视
图，点击工具栏■按钮，效果如图4-22所示。

图4-20

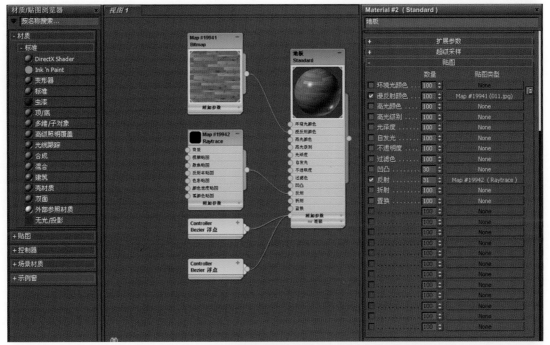

图4-21

图4-22

步骤5：制作地毯材质效果，同步骤3在材质面板创建新材质，在材质编辑面板"贴图"卷展栏下"漫反射贴图"、"凹凸贴图"均设置地毯图像文件，选择"地毯模型"，在修改命令面板中进行"UVW贴图"修改，选择"平面"包裹模式，渲染效果如图4-23所示。

步骤6：制作墙面材质。墙面材料主要设置高光级别与光泽度，有时为了提高明度可适当给予自发光（图4-24）。

步骤7：制作布面沙发材质和靠垫材质，设置如图4-25所示。

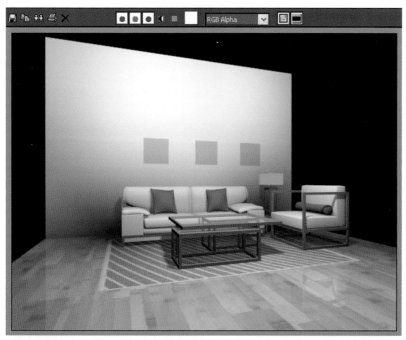

图4-23

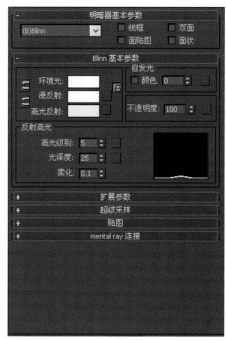

图4-24

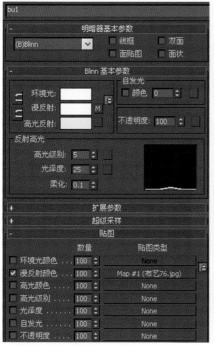

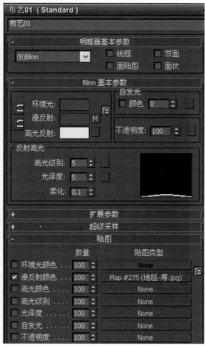

图4-25

步骤8：制作茶几玻璃材质，设置如图4-26所示。在玻璃设置中应注意"透明度"的设置，值越小，透明度越高，同时还应注意"光线跟踪反射贴图"的设置。

步骤9：制作茶几实木、沙发实木架材质，设置如图

4-27。

步骤10：设置装饰画，新建一个标准材质，点击"漫反射"颜色后面的长按钮，选择"装饰木雕图案"，渲染效果如图4-28所示。

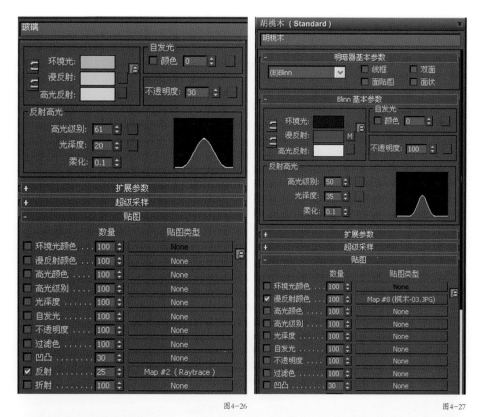

图4-26　　　　　　　　　　　　　　　　　图4-27

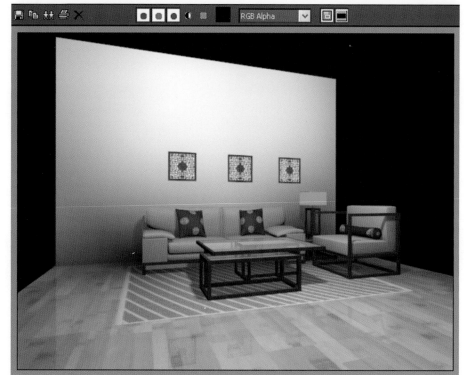

图4-28

步骤11：制作台灯灯罩材质，打开材质编辑器，创建一个新的标准材质，将"Blinn基本参数"卷展栏下的"自发光"项设置为100，为"漫反射颜色"设置灯罩图片文件（图4-29）。

步骤12：激活摄影机视图，点击工具栏 按钮，渲染效果如图4-30所示。

图4-29

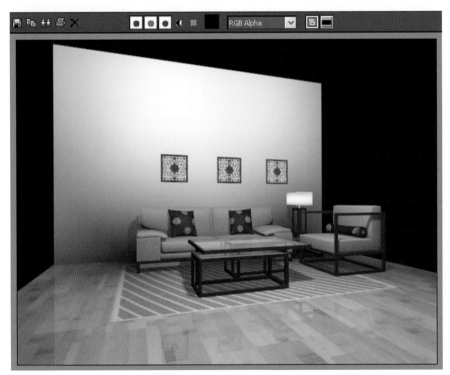

图4-30

5

室内设计效果图

[本章导读]

本章将以一个室内空间场景为例，来介绍3DS Max室内设计效果图的制作方法和步骤，其中包括建模、灯光、材质、光能传递渲染的基本操作方法。

5.1 处理CAD文件

作为一名动画制作人员，对设计图纸的认知是必需的，这对设计意图的准确表达至关重要。现在以一个住宅为例，通过平面图纸来创建室内空间模型。

步骤1：打开CAD软件，认真观察平面空间（如果还有其他立面设计图纸，都应领会其设计意图）。简化图纸，删除图框表格等不需要的部分，只留下3DS Max里面需要的平面布局（图5-1）。

步骤2：成块输出CAD平面图形。点击工具条 命令，在弹出的"块定义"对话框中设置文件名为"平面"，点击选择"对象"按钮，然后框选目标对象，点击右键结束选择。在"块定义"对话框中将图形单位设置为毫米或英寸，最后点击"确定"按钮（图5-2）。

步骤3：将已经成块的CAD文件起名另存，结束CAD图纸处理。

5.2 创建场景模型

步骤1：打开3DS Max软件，执行菜单自定义／单位设置，设置如图5-3所示。每次进行新的Max文件创建，都应进行单位设置。

步骤2：执行菜单 ／导入命令，选择CAD平面图的保存路径，打开平面图文件，如图5-4所示设置导入图纸的参

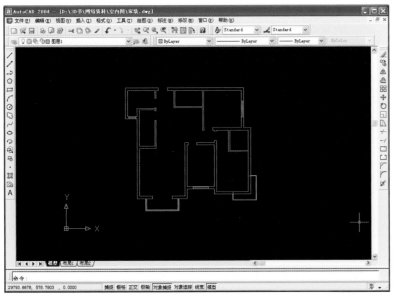

图5-1

图5-2

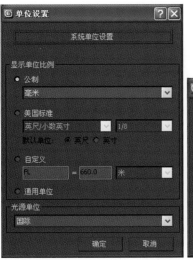

图5-3

图5-4

数并点击确定按钮导入CAD图纸。

步骤3：按T键激活顶视图，再按Alt+W键将顶视图最大化显示。使用图移动选择工具选择所有对象（也可使用Ctrl+A来完成全部的选择）。执行菜单组／成组命令，在弹出的对话框中输入"平面"，点击"确定"，平面图被结合成组。这样便于Max的文件管理（图5-5）。

步骤4：右键点击工具栏上的图按钮，弹出"移动变换输入"对话框（快捷键为F12键），如图5-6所示将X轴Y轴的值都改为0，使平面图依坐标中心0点放置。这样将为后面其他模型的定位操作带来方便，特别是制作室外大型项目场景时尤为重要。

步骤5：在创建修改命令面板颜色框为其修改为一个较

灰的颜色，点击图／保存，选择保存路径，将文件命名为"家装"并保存。在3DS Max工作中一定要养成保存文件的习惯。

步骤6：点取命令面板图／图，选择线型工具，设置修改命令面板线型"创建方法"卷展栏下两项均为角点模式。点击工具栏图捕捉按钮，点击右键弹出"栅格与捕捉设置"对话框，勾选"顶点"（图5-7）。

步骤7：将顶视图最大化显示，按G键取消网格显示。使用线型工具，在视图中捕捉平面图的墙体顶点出现+字光标时，点击鼠标绘制第一点，然后依次绘制如图5-8所示的封闭图形。捕捉创建线型时可结合鼠标滑轮放大缩小视图，如果要捕捉的顶点在视图范围外，可按住I键拖拽使顶点范围显示出来。

步骤8：单击图打开修改命令面板，点击"修改器列表"右面的小三角标志按钮，在下拉列表中选择"挤压"修改，并设置其参数为-100，挤压封闭曲线地面成型（如图5-9）。

步骤9：按S键打开图按钮，使用线型工具在顶视图中捕捉平面图墙体内侧的顶点。建立如图5-10所示的封闭线形，并命名为"墙体"。

图5-5

图5-6

图5-7

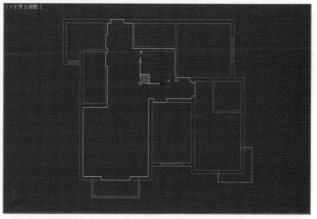

图5-8

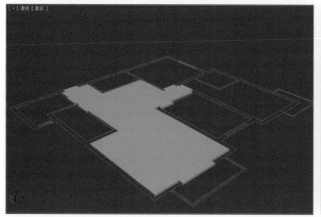

图5-9

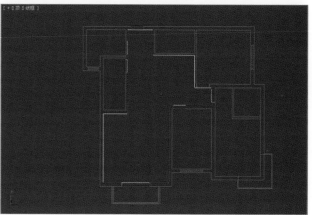

图5-10

步骤10：点击█打开修改命令面板，单击修改层级中"Line"前的"+"号，点击进入样条线编辑级别，向上滑动修改面板，在几何体卷展栏中，点击"轮廓"按钮，输入240，生成双线型（图5-11）。

步骤11：在"修改器列表"中选择"挤出"，将参数设置为3000，这是房间的空间高度（图5-12）。

步骤12：同步骤7方法绘制踢脚线的封闭曲线，在"轮廓"设置双线参数为10，挤压出高度为100。

步骤13：参照平面图门窗的位置使用矩形工具，并结合█捕捉工具在对应位置绘制矩形，然后进入修改命令面板，修改矩形的短边参数，使它的厚度大于墙体的厚度（图5-13）。

步骤14：在修改命令面板上分别为矩形进行"挤出"修改命令，将门洞参数设置为2020（图5-14）。

步骤15：单击选中任意一个已创建的立方体，在"修改器列表"执行"编辑网格"命令，展开进入元素级别，在"编辑几何体"卷展栏下点击打开"附加"按钮，然后依次点击其他对应门窗的方形体，将它们结合为一个物体，右键结束操作（图5-15）。

步骤16：选择墙体，进入█／█，点击"标准几何体边"的下拉按钮,选择"复合对象"，点击"对象类型"下的"布尔"按钮，在"拾取布尔"卷展栏下点击"拾取运算对象B"按钮，再用鼠标在视图中点击刚才结合的物体（图5-16）。

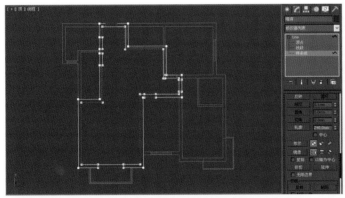

图5-11

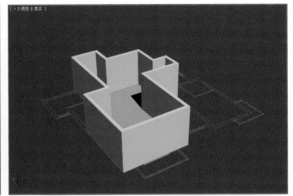

图5-12

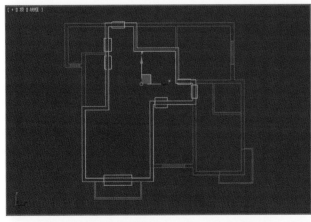

图5-13

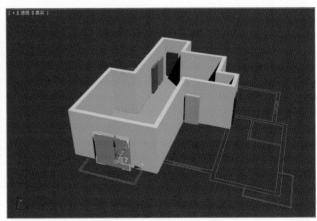

图5-14

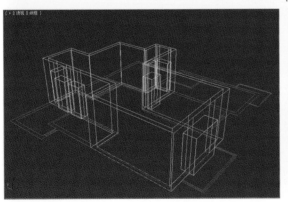

图5-15

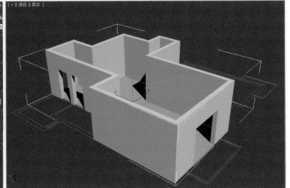

图5-16

步骤17：为门洞建立门套，激活前视图，用线型工具结合 捕捉工具依开启的门洞角点创建线段，再进入修改命令面板，进入样条线编辑级别，在"几何体"卷展栏点击"轮廓"按钮，输入80，生成门套平面（图5-17）。

步骤18：在"修改器列表"中选择"挤出"，并设置参数为260，生成门套造型，用同样的方法在门洞对应的视图中建立其他门套，并在顶视图中移动到相应位置，效果如图5-18所示。

步骤19：制作阳台门，选择创建的阳台门洞的门套，在右键菜单中选择"隐藏未选定对象"，可单独显示阳台门套，使用矩形线框工具结合 捕捉，创建如图5-19所示的对齐排列的四个矩形。

步骤20：为四个矩形进行"编辑样条线"的修改，并在样条线级别中设置轮廓为45，然后在"修改器列表"进行"倒角"修改，并设置倒角值（图5-20）。

步骤21：制作阳台门玻璃，选择 ／ ／矩形，在前视图中借助 工具捕捉阳台门对角线角点创建矩形，进行"挤出"修改，设置参数为5，在顶视图将创建的玻璃模型移至阳台门位置（图5-21）。

步骤22：创建其他房门模型，此处使用贴图材质模拟房门效果，因此，只需制作几何体模型即可。在视图空白处右击鼠标，选择"全部取消隐藏"。

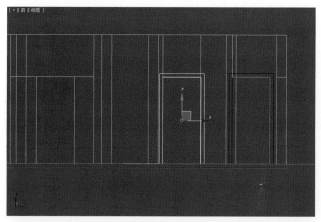

图5-17

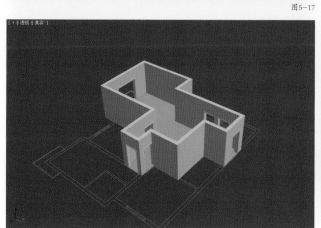

图5-18

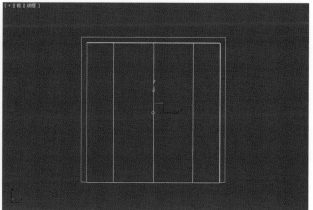

图5-19

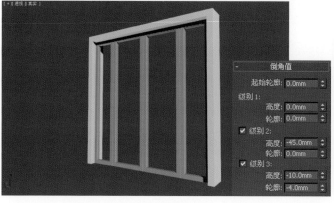

图5-20

图5-21

步骤23：用创建地面的方法创建屋顶，也可将地面模型复制一个，在工具栏中用鼠标右击 ，在弹出的"移动变换输入"对话框中设置绝对坐标Z轴为3000（图5-22）。

步骤24：保存文件，完成场景空间模型的创建。

5.3 创建室内装饰构造

步骤1：创建吊顶。激活顶视图，按前面介绍的方法导入CAD天花造型图，结合 捕捉工具，执行命令面板 / / 线，取消开始新图形按钮前的勾选，绘制如图5-23所示

的二维图形天花造型。

步骤2：在修改命令面板下"修改器列表"中选择执行"挤出"，在"设置参数"卷展栏下的数量输入框中输入200，并在名称栏中改名为"天花"（图5-24）。

步骤3：按S键打开捕捉工具，将天花模型移动到室内平面合适位置，在工具栏用鼠标右击 ，在弹出的"移动变换输入"对话框中设置绝对坐标Z轴为2700（图5-25）。

步骤4：制作藏灯盒。选择天花造型，右键菜单选择"隐藏未选定对象"，为天花造型进行"可编辑多边形"修改，打开元素级别，点击天花模型使其红色显示，在"编辑几何体"卷展栏下点击"分离"（图5-26）。

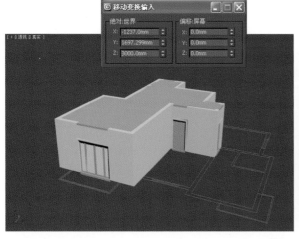

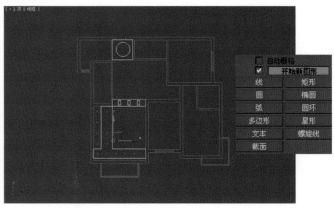

图5-22

图5-23

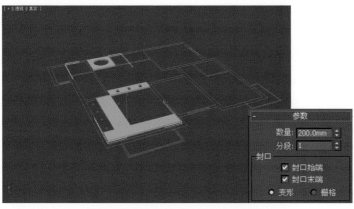

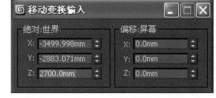

图5-24

图5-25

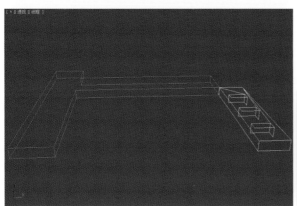

图5-26

步骤5：再进入编辑多边形的边级别，选中如图5-27所示需制作灯带造型的两条边线，点击"编辑边"卷展栏下的连接按钮。

步骤6：进入编辑多边形的多边形级别，点选分割面，在修改面板"编辑多边形"卷展栏下点击"挤出"按钮，在弹出项将高度设为-200，效果如图5-28所示。

步骤7：在入门玄关处创建栅格割断。激活顶视图，创建长方体，并移动到如图5-29所示位置。

步骤8：为方便观察隐藏未选择物体，为长方体进行"编辑多边形"的修改，进入多边形级别，激活透视图，在如图5-30所示位置选择长方体的分割面。

步骤9：在修改命令面板"编辑多边形"卷展栏点击"挤出"按钮，设置挤出值为1500，真实显示效果如图5-31所示。

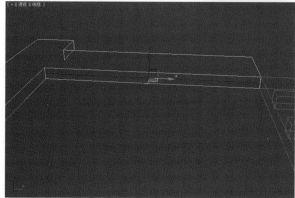

图5-27

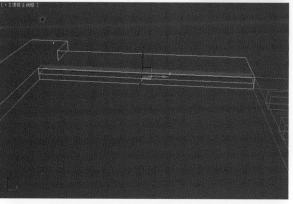

图5-28

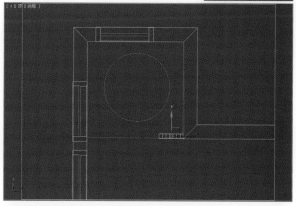

图5-29

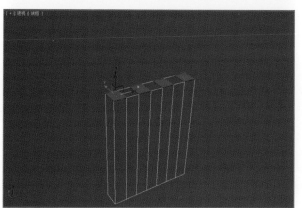

图5-30

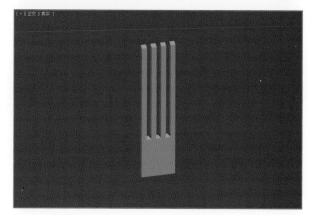

图5-31

步骤10：继续编辑多边形的面级别，去除中间两个截面的选择，为另外两个截面再次执行"挤出"命令，设置挤出值为600，效果如图5-32所示。

步骤11：调整透视图角度，选择新基础体面的内侧两面，在命令面板"编辑多边形"卷展栏下点击"桥"按钮，使两个面连接起来（图5-33）。

步骤12：激活左视图，暂时隐藏除墙体与天花外的模型，结合⬛创建一立方体，如图5-34所示设置参数。再创建三个立方体，设置长、宽、高分别为260、260、500，单击其中任意一个立方体，在修改器列表为其执行"编辑网格"命令，打开元素级别，在"编辑几何体"卷展栏下点击打开"附加"按钮，然后依次点击其他对应门窗的方形体，将它们结合为一个物体。

步骤13：选择长条形立方体，打开⬛/⬛，点击"标准几何体边"的下拉按钮，选择"复合对象"，点击"对象类型"下的"布尔"按钮，在"拾取布尔"卷展栏下点击"拾取运算对象B"按钮，用鼠标在视图中点击刚才结合的物体（图5-35）。

步骤14：制作电视背景墙右边造型。执行⬛/⬛，使用矩形工具在左视图创建长、宽分别为2700、800的矩形，为矩形进行"挤出"修改，设置数量为20。按S键，使用⬛矩形顶点创建长方形，如图5-36所示修改参数。

步骤15：创建一条与矩形等长的线段，选择"细长方体"，执行菜单工具/对齐/间隔工具，在打开的"间隔

图5-32

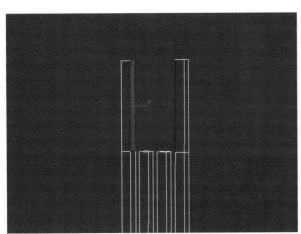

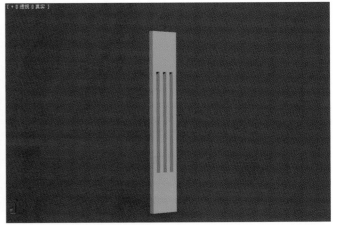

图5-33

图5-34

图5-35

图5-36

工具"对话框中如图5-37所示进行设置，删除路径线段与原始长方体，与上步创建模型移动对齐到墙体。

步骤16：激活左视图，打开 25，创建矩形如图5-38所示，并为其进行"挤出"修改，设置数量为10。

步骤17：如图5-39所示创建一个矩形，并进行"挤出"修改，设置数量为20，切换至顶视图，将创建的两个矩形移动到客厅背景墙面。

5.4 创建摄影机

完成室内空间建模之后，为了观察室内效果，可在场景中加入一架目标摄影机。

步骤1：单击 ☀ / 🎥，再单击目标按钮，在顶视图中创建一架摄影机。

步骤2：选择摄影机和目标点。在前视图上移动，以真人的视点高度来设置，设置如图5-40所示。

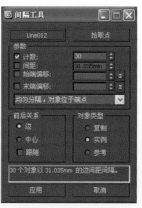

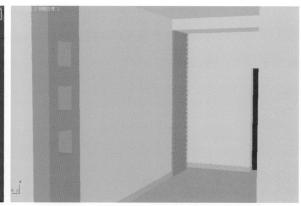

图5-37

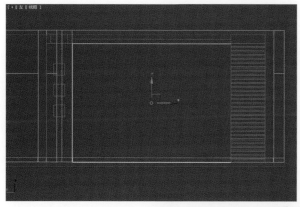

图5-38

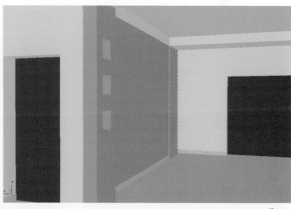

图5-39

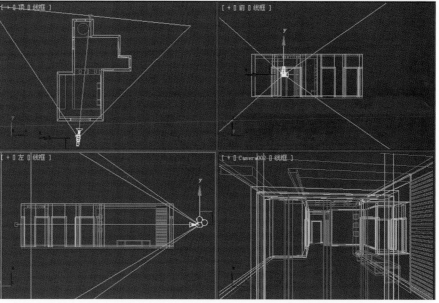

图5-40

步骤3：因摄影机位置在墙外，墙体与阳台门遮挡了镜头视线，在修改面板"剪切平面"栏勾选"手动剪切"，调整近距与远距剪切数值，使镜头剪切掉遮挡部分，以表现视野（图5-41）。

5.5 建立材质

步骤1：根据设计将同材质的模型结合起来。选择墙体，进入修改命令面板，在"修改器列表"内进行"编辑网格"修改，进入元素级别，打开"编辑多边形"卷展栏下的"附加"按钮，在透视图上点击同材质模型，使这些模型结合起来（图5-42）。

步骤2：按M键打开材质编辑面板，在面板菜单栏模式"菜单"下选择"精简材质编辑器"进行操作。选择一个空白示例球，命名为"白色乳胶漆"，如图5-43所示设置白色乳胶漆材质，并点击材质编辑器█按钮，将材质赋予选择物体。

步骤3：制作陶瓷地面效果。打开材质编辑器面板，选择一个空白示例球，命名为"地面瓷砖"，基本参数设置如图5-44所示，其中环境色设置为（RGB200，180，130），漫反射设置为（RGB200，180，130）。展开"贴图"卷展栏，单击"漫反射颜色"右侧长按钮打开贴图浏览器，选择"平铺贴图"。进入"平铺贴图高级控制"卷展栏，设置如图5-45所示。按█钮返回上级界面，在"贴图"卷展栏单击"反射"后的长按键打开贴图浏览器，为材质再加入一个光线跟踪反射贴图。反射强度设置为20，

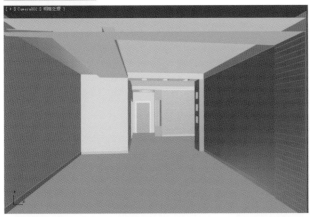

图5-41

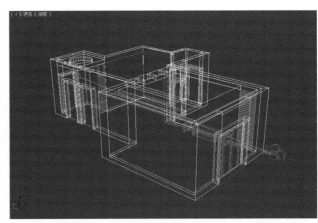

图5-42

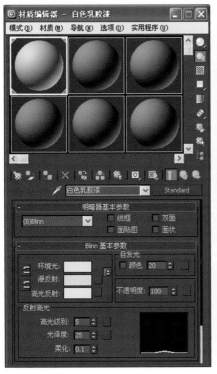

图5-43

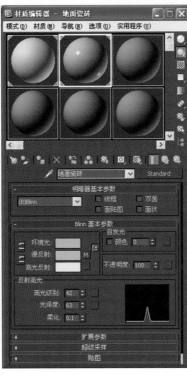

图5-44

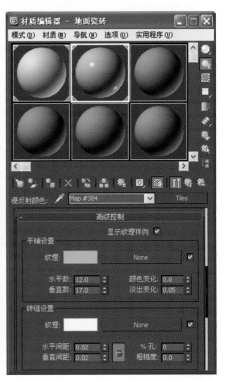

图5-45

进入"反射设置"面板，如图5-46所示在"衰减"卷展栏选择地板模型，点击 ■ 按钮将材质赋予地板。

步骤4：结合场景内装饰造型模型，按M键打开材质编辑器，选择空白示例球制作木质白色油漆材质，设置如图5-47所示。用类似方法制作阳台门、踢脚线、门套等材质。

步骤5：制作彩色乳胶漆材质，如图5-48、5-49所示进行设置，并对应室内模型。

步骤6：执行 ■ / ◀ ，为场景创建一盏标准灯光的泛光灯，将灯光参数强度调至较低程度，并移动至房间中部，渲染摄影机视图，效果如图5-50所示。

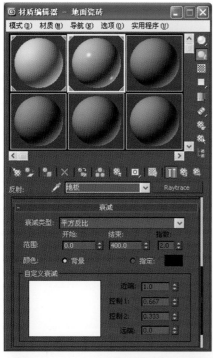

图5-46

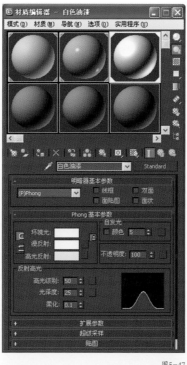

图5-47

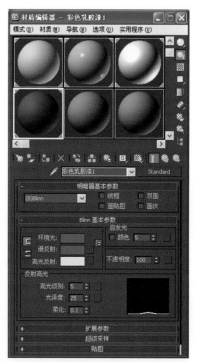

图5-48

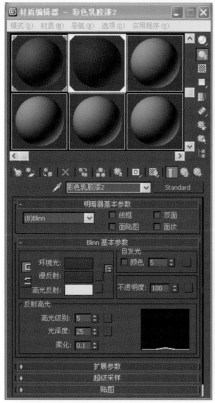

图5-49

图5-50

55

步骤7：制作门的贴图材质。选择入户门模型，在修改命令面板的"修改器列表"下拉菜单中选择"UVW贴图"，在"参数"卷展栏中设置包裹方式为"长方体"，打开材质编辑面板，选择一个空白材质球，命名为"门1"，展开"贴图"卷展栏，单击"漫反射颜色"右侧长按钮，打开贴图浏览器，选择"位图"双击打开，选择木门图片文件，渲染效果如图5-51所示。同方法制作其他模型门材质。

步骤8：制作玻璃效果。选择阳台门的玻璃模型，打开材质编辑器面板，选择一个空白示例球，命名为"玻璃"，设置如图5-52所示。在"贴图"卷展栏中单击"反射"后的长按键打开贴图浏览器，为材质再加入光线跟踪贴图，设置强度为20，按 钮将材质赋予玻璃。

5.6 建立场景灯光

步骤1：使用标准基本体模型圆环和扩展基本体制作筒灯。点击 / 圆环，在顶视图中创建圆环灯罩模型，再点击 / 圆/球创建灯头模型，如图5-53所示。

图5-51

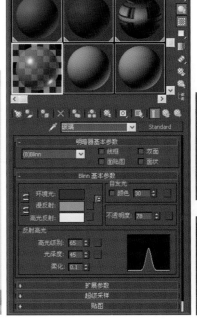

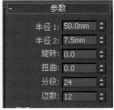

图5-52   图5-53

步骤2：点击 ■ 对齐工具，对齐灯罩和灯头模型，并在前视图中将其移动到吊顶模型底面适当位置。复制灯头和灯罩，完成灯位分布，如图5-54所示。

步骤3：制作灯具材质。打开材质编辑器，单击空白材

质球，起名为"灯"，设置如图5-55所示，并赋予球体灯头模型。

步骤4：制作灯罩金属材质。选择一个材质球，设置"漫反射颜色"为全黑，点击"反射贴图"按钮打开一张位图，为其加入反射特性（图5-56）。

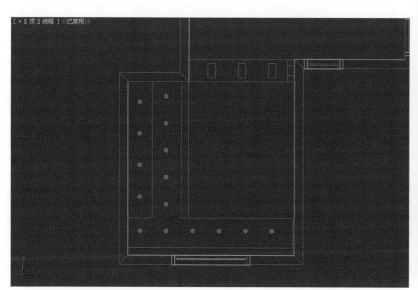
图5-54

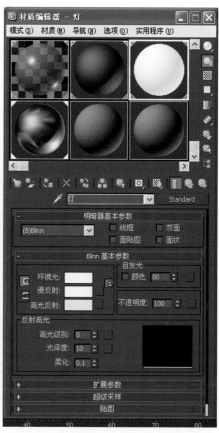
图5-55

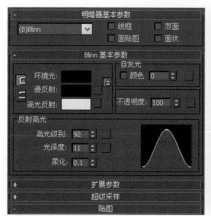

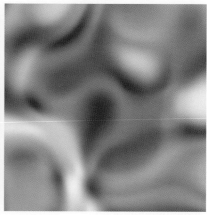
图5-56

步骤5：创建客厅灯光。点击■/◀，在前视图中创建光度学目标灯光，在顶视图中移动到灯位，并采用实例复制出其他灯光，灯光参数设置如图5-57所示。

步骤6：创建客厅天花光带。在顶视图创建横向照射的灯光，设置灯光为矩形，并调整位置（图5-58）。

步骤7：在阳台门处创建一盏向室内照射的矩形灯光，

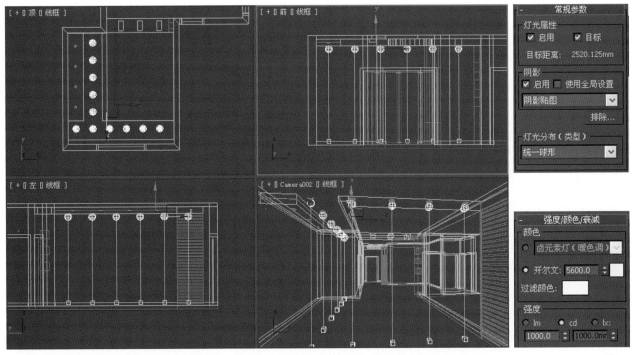

图5-57

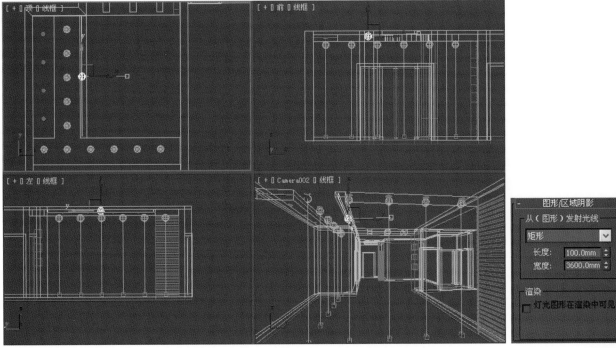

图5-58

模拟室外射入的光线，设置如图5-59所示。

　　步骤8：测试渲染灯光效果，执行菜单栏／渲染／光能传递，打开"渲染设置"面板，如图5-60所示，点击"选择高级照明"，在高级照明栏内选择"光能传递"，打开光能传递设置面板（图5-61）。

　　步骤9：点击"交互工具"下面的"设置"按钮，在

弹出的"环境和效果"面板中进行，如图5-62所示。关闭"环境和效果"面板，单击高级照明面板"光能高级照明"卷展栏下的"开始"按钮，软件开始计算渲染。

　　步骤10：当软件计算完毕，点击渲染按钮，渲染效果如图5-63所示。

图5-59

图5-60

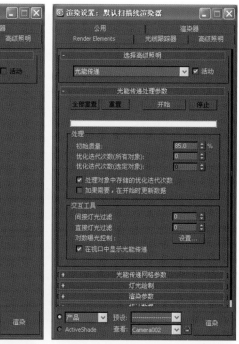

图5-61

图5-62

图5-63

5.7　完善场景

步骤1：单击 / 导入／合并，打开合并文件对话框，选择光盘提供的沙发模型，双击打开，弹出"Merge"对话框，选择"All"，点击"OK"，模型已经合并到场景中，如图5-64所示。

按空格键，锁定导入的模型（解锁同样按空格键），将模型移动到合适位置。

步骤2：用同样的方法合并其他模型。光盘提供了本案例的模型文件，包括电视机、电视柜、茶几、雕塑、花瓶等，完成场景布置，如图5-65所示。在使用3DS Max时，摄影机不可见的物体最好不去创建，因为虽然在镜头中没有出现，但仍会在渲染中计算，增加系统的压力。

步骤3：修改墙体材质。选择墙体模型，按M键，打开材质编辑面板，点击"Standard"按钮，在弹出的材质浏览器窗口"选择标准材质"卷展栏下的"建筑"材质类型，点击"漫反射贴图"后的长按钮，为材质加入全白色贴图文件（图5-66）。

图5-64

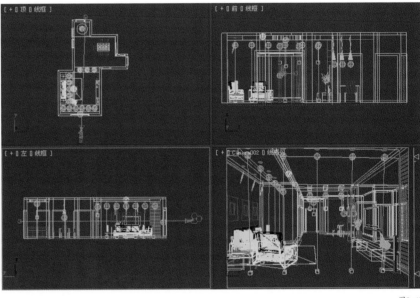

图5-65

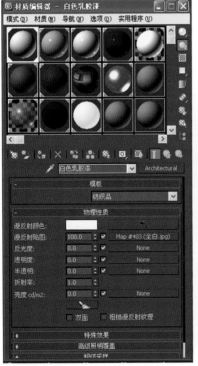

图5-66

步骤4：加入光域网。在前视图沙发背后的天花创建一个目标点光源，进入修改命令面板，在"常规参数"卷展栏下的"灯光分布类型"内选择"光度学Web"，然后在"分布"卷展栏下点击"选择光度学文件"（可选择本书光盘所提供的光域网文件），即将点光源更改为光域网效果，灯光外形也由球形改变为锥形（图5-67）。

步骤5：出图渲染设置。打开渲染设置面板，将渲染设置调整为正式出图所需要的参数，并根据需要设置输出大小，点击"开始"按钮，如图5-68所示。

步骤6：计算结束，点击"渲染"按钮开始渲染，效果如图5-69所示，点击"保存"按钮保存文件（如果对场景内模型灯光重新设置，需要打开渲染设置面板，点击"全部重置"按钮，重新计算）。

图5-67

图5-68

图5-69

5.8　Photoshop后期制作

步骤1：运行Photoshop软件，打开渲染文件，按Ctrl+L键，打开"色阶"调整面板，进行画面亮度与对比度的调整（图5-70）。

步骤2：按Ctrl+U键，打开"色相／饱和度"调整面板，对画面色相与饱和度进行调整（图5-71）。

步骤3：通过导入外部图片素材，丰富场景氛围，更好地体现设计效果（图5-72）。

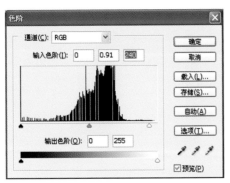

图5-70

图5-71

图5-72

6

建筑设计效果图

[本章导读]

建筑设计渲染表现是设计表现的主要项目，表现图对设计意图的体现相当重要，本章介绍了实用简便的工作方法，使学生对表现程序与步骤有基本的了解，并掌握基本技能。

6.1 精确建模

这里介绍使用CAD建筑设计图纸在3DS Max中建立模型的过程，这种方法方便而精确，可以快速精确地建立模型。

步骤1：用第五章介绍的方法，在CAD中将建筑设计图进行简化处理，最后分别成块。这里我们将设计图按平面、顶面以及三个立面图分别成块，并保存。在保存时可以按块分别保存，也可以保存为一个文件。

步骤2：打开3DS Max软件，并进行单位设置，在下执行导入命令，将处理过的CAD设计图纸导入到3DS Max中，分别选择各层平面、顶面以及四个立面图并在组菜单下执行成组命令，分别成组。使用、工具将各设计图放在相应方位，如图6-1所示。

步骤3：使用旋转工具，将三个立面图与平面图分别进行对位，如图6-2所示。

6.2 制作底层模型

在进行建筑建模时，首先要分析建筑物的设计效果，比如这里介绍的多层住宅建筑，可分为底层、中间层、顶层、单元楼梯间四部分以及建筑装饰，我们在建模时可以按这几部分分别建立。

步骤1：创建底层墙体。使用 / / 线型工具，在顶视图结合捕捉工具，绘制如图6-3所示的封闭曲线。

步骤2：在"修改器列表"中选择"挤出"，并结合立面图将参数值设置为4850（图6-4）。

步骤3：使用 / / 线型工具，在顶视图结合捕捉工具，绘制单元楼梯间墙体的封闭曲线，在修改器列表中选择"挤出"，并结合立面图将参数值设置为16450（图6-5）。

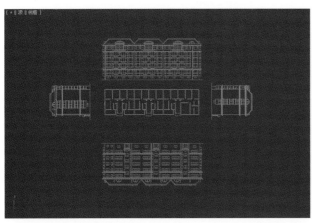

图6-1

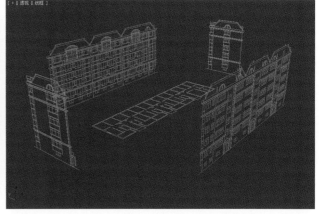

图6-2

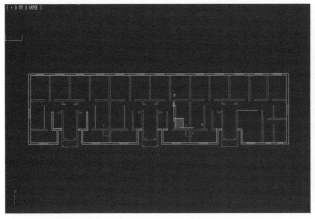

图6-3

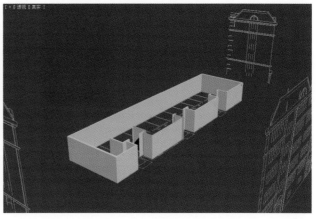

图6-4

步骤4：单屏显示顶视图，按S键打开[25],点击■/■/矩形工具，选择一个模型颜色，在建筑的窗或门洞处创建矩形，使矩形的一边大于墙体厚度。再选择一种模型颜色依据标准层门窗洞创建大于墙体厚度的矩形，背面不需创建，结合正面建筑设计图与侧面设计图将矩形移动至窗洞下沿位置。透视效果如图6-6所示。

步骤5：将矩形进行了"挤出"修改，设置一层参数值为900，二层参数值为1600（图6-7）。

步骤6：选择一个上步制作的长方体，在修改命令面板上执行"编辑网格"的修改命令，选择元素级别，在"编辑几何体"卷展栏点击"附加"按钮，在视图中点击创建的立方体，将他们结合为一个整体。

选择墙体，打开■/■，点击"标准几何体边"的下

拉按钮，选择"复合对象"，点击"对象类型"下的"布尔"按钮，在"拾取布尔"卷展栏下点击"拾取运算对象B"按钮，用鼠标在视图中点击刚才结合的物体（此步骤应确定墙体也为一个整体，如不是，可加入"编辑网格"进行"附加"结合），如图6-8所示。

步骤7：同步骤5，切出单元楼梯间的窗洞与门洞（图6-9）。

步骤8：制作单元入口。全屏显示前视图，暂时隐藏墙体与楼梯间模型，放大显示入口部分。使用■/■/线工具，结合[25]捕捉工具，绘制入口坡屋顶轮廓线，结合侧视图，然后加入"挤出"修改，数量设置参照平面图。同方法制作中间凹进部分，效果如图6-10所示。

步骤9：制作造型屋檐。放大显示门头屋檐，使用线型

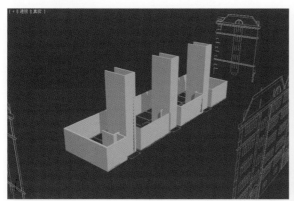
图6-5

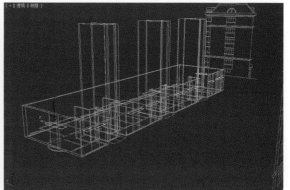
图6-6

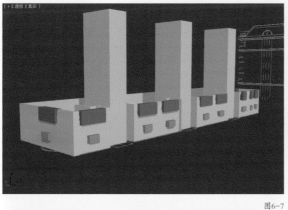
图6-7

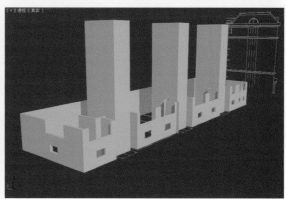
图6-8

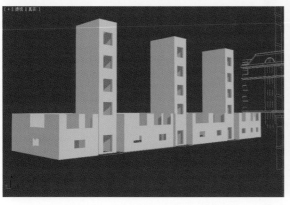
图6-9

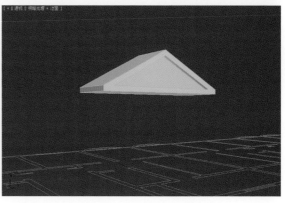
图6-10

65

工具创建三角封闭图形并调整，如图6-11所示，在顶视图上沿屋檐创建一条线段，二者如图6-12所示。

步骤10：选择线段，执行█/◉，在"基本体"下拉栏中选择"复合对象"，点击打开"放样"按钮，在"创建方法"卷展栏下点击"获取图形"，然后在视图中点击三角线形，效果如图6-13所示（调整原始线段或三角形，同步改变放样模型效果）。

步骤11：结合各视图将放样模型放置设计位置，同时创建立柱、台阶（图6-14）。

步骤12：取消墙体与楼梯间模型的隐藏，复制单元门到其他单元处（图6-15）。

6.3 制作标准层模型

步骤1：制作底层与标准层之间的分割造型。单屏显示顶视图，隐藏底层平面图，取消标准层平面图的隐藏，按照6.2节案例步骤9、10的方法，先制作一条路径，再制作

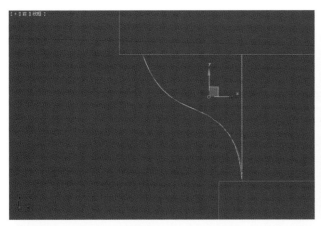

图6-11

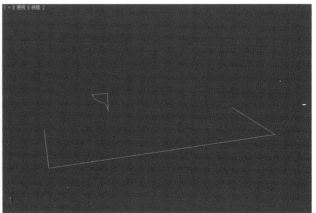

图6-12

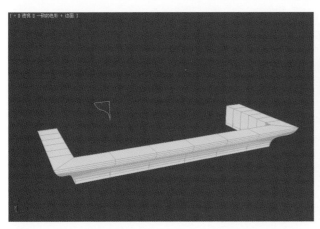

图6-13

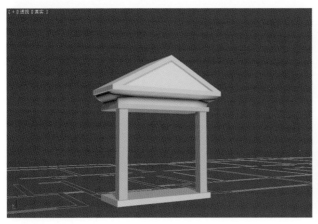

图6-14

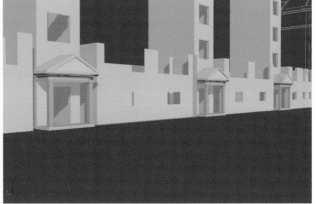

图6-15

一个呈三角的图形，执行"放样"操作，效果如图6-16所示。

步骤2：制作其他位置造型（图6-17）。

步骤3：制作标准层墙体。使用 ⬛ / ◲ / 线型工具，在顶视图结合 25° 捕捉工具，绘制标准层墙体的封闭曲线，在"修改器列表"中选择"挤出"，并结合立面图将"参数"栏数值设置为11200，如图6-18所示。

步骤4：标准层墙体开窗。结合设计图，使用 ⬛ / ◲ / 矩形工具，在前视图、左视图、右视图创建厚度大于墙体的矩形，执行"挤出"修改，制作出等大于窗洞的立方体模型，并移动至个窗洞位置，为其中一个立方体加入"编

辑网格"的修改命令，进入元素级别，点击打开"编辑几何体"卷展栏下的"附加"按钮，点击刚才创建的立方体，使其结合为整体（图6-19）。

步骤5：选择标准层墙体模型，打开 ⬛ / ◲，点击"标准几何体边"的下拉按钮选择"复合对象"，点击"对象类型"下的"布尔"按钮，在"拾取布尔"卷展栏下点击"拾取运算对象B"按钮，用鼠标在视图中点击刚才结合的物体，得到已开启窗洞的模型，如图6-20所示。

步骤6：复制外墙装饰。选择外墙装饰造型，结合立面设计图，在前视图按F6键锁定Y轴向，复制模型，如图6-21所示。

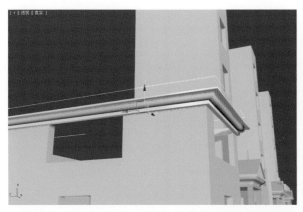
图6-16

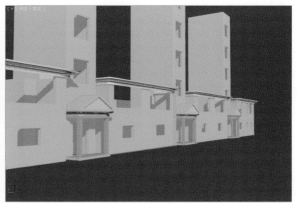
图6-17

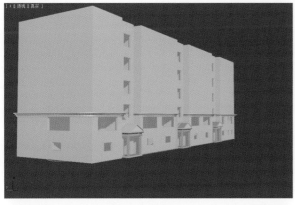
图6-18

图6-19

图6-20

图6-21

6.4 制作窗户和玻璃

步骤1：制作窗户，选择正立面设计图和墙体模型，我们为了方便观察效果，隐藏其他场景物体，使用 ■ / ◙ / 矩形工具，结合 ▣ 捕捉绘制窗框，然后为矩形加入"编辑样条线"的修改，展开编辑样条线前的"＋"号，选择样条线级别，点击"轮廓"按钮，输入50，生成窗框，再为其加入"挤出"修改，设置参数为50，效果如图6-22所示。

步骤2：同步骤1方法制作其他立面窗户，并参照各视图建筑图纸将窗户移动到窗洞位置（图6-23）。

步骤3：为了便于以后创建材质，将同等材料属性的

窗户与窗套分别结合起来，选择一个窗套并在"修改器列表"中为其加入"编辑网格"的修改，进入元素级别，点击"编辑几何体"卷展栏下的"附加"按钮，在视图中点击其他窗套模型，将其结合在一起并重新命名为窗套，同方法结合窗户模型（本步骤可以执行菜单栏编辑／选择方式／颜色，在视图选中所有同色创建物，隐藏未被选择模型，再执行附加操作），效果如图6-24所示。

步骤4：创建玻璃模型，激活前视图，使用矩形捕捉窗户顶点绘制玻璃轮廓，然后加入"挤出"修改，设置数值为8，在顶视图将模型移动到窗户位置。同方法创建其余各列窗户玻璃模型，并将各立面玻璃分别结合为整体，效果如图6-25所示。

6.5 制作顶层部分

步骤1：制作顶层外墙装饰，选择顶层平面图，创建沿外墙的线段，再在平视图中创建装饰截面线形图案。选择线段，执行 ■ / ◙ ，在"基本体"下拉栏中选择"复合对象"，点击打开"放样"按钮，在"创建方法"卷展栏下点击"获取图形"，然后在视图中点击三角线形，创建出放样模型（图6-26）。

步骤2：调整放样模型位置。在修改命令面板点击"loft"前的"＋"号，点击"路径"，在"line"中选择"顶点"级别，可在视图中调整放样模型的位置，以对齐

图6-22

图6-23

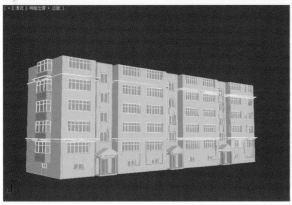

图6-25

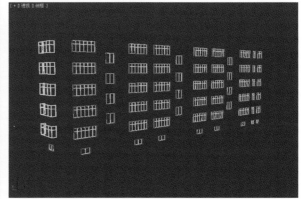

图6-24

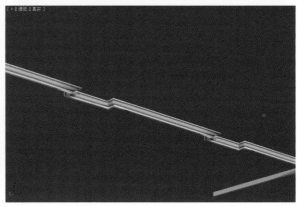

图6-26

建筑外墙，如图6-27所示为调整顶点前后的比较。

　　步骤3：制作楼顶坡屋顶。依据建筑屋顶平面图，执行◉／◉／矩形工具，为矩形加入"挤出"，设置数值为2100（图6-28）。

　　步骤4：为模型再加入"编辑网格"的修改，展开选择多边形级别，在视图中点击立方体的顶面，如图6-29所示。

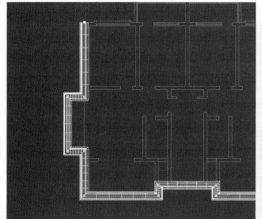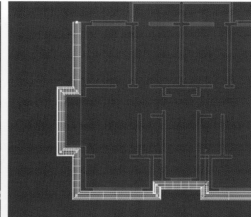

图6-27

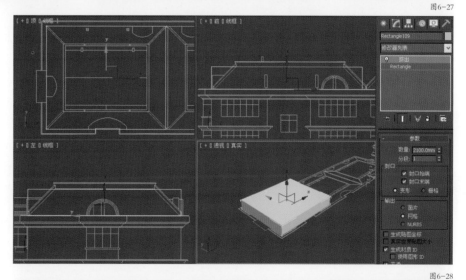

图6-28

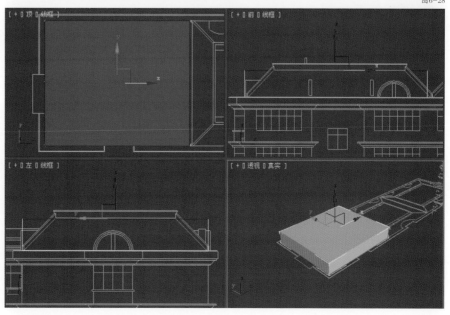

图6-29

69

步骤5：在工具栏中点击■工具，在顶视图执行对选择面的缩小操作，可分别执行X、Y轴的操作创建非比例缩放（图6-30）。

步骤6：创建屋顶檐线，单独显示屋顶，打开工具栏■"三维捕捉"开关，使用线型工具，依屋顶创建如图6-31所示线段。

步骤7：在视图中创建一个长宽分别为180、160的矩形，选择刚才创建的路径，执行■/■，在"基本体"下拉栏中选择"复合对象"，点击打开"放样"按钮，在创

建方法卷展栏下点击"获取图形"，然后在视图中点击矩形，效果如图6-32所示。

步骤8：制作老虎窗。结合立面图的设计，执行■/■/弧，进入修改面板"编辑样条线"样条线级别下，加入"轮廓"修改，创建为双线，再加入"挤出"命令，最后加入玻璃与窗栏模型，制作完成后复制到设计位置，效果如图6-33所示。

步骤9：复制屋顶模型，完成建筑模型创建（图6-34）。

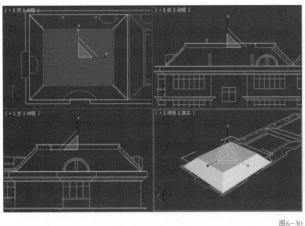

图6-30

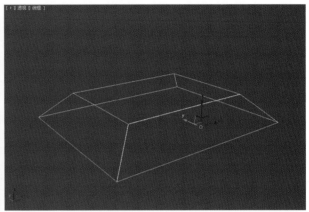

图6-31

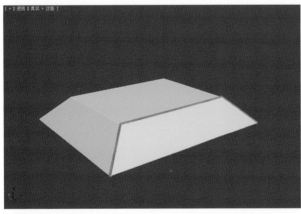

图6-32

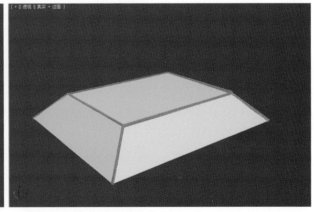

图6-33

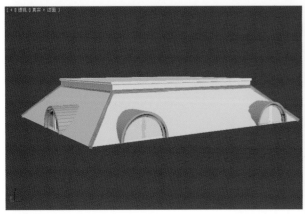

图6-34

6.6　创建环境

步骤1：制作道路，创建如图6-35所示的封闭线段。

步骤2：进入修改命令面板，选择顶点级别，点击打开卷展栏下的圆角按钮，修改直角点为圆角，在修改面板加入"挤出"修改命令，设置数值为−100（图6-36）。

6.7　设置灯光和摄影机

步骤1：进入■创建命令面板／摄影机，在该面板的

"对象类型"卷展栏中单击"目标"按钮，然后在顶视图中通过拖动鼠标创建摄影机，调整各视图中摄影机与目标点的位置（图6-37）。

步骤2：创建天光。进入■"创建"命令面板下的"灯光"级别，然后在"标准灯光"的创建面板中单击"天光"按钮，如图6-38设置，然后在顶视图创建一盏天光灯。

步骤3：创建主灯光。在"标准灯光"创建面板上点击

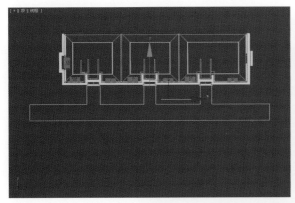
图6-35

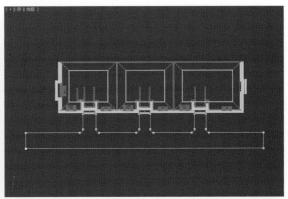
图6-36

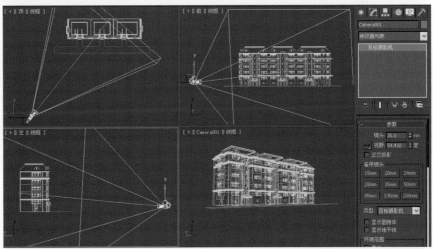
图6-37

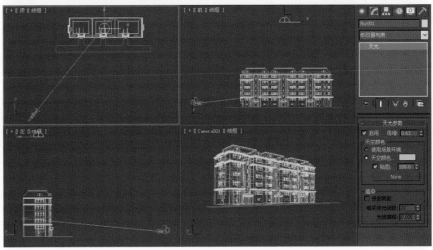
图6-38

"目标平行光"按钮,在顶视图中创建目标平行光,在前视图中移动灯光到适当高度,并在修改面板设置灯光参数(图6-39)。

6.8 材质设置

步骤1:标准层墙体材质设置。选择模型,按M键打开材质编辑器,选择一个空白示例球,将其命名为"墙体"。单击"Standard"按钮,在打开的"材质/贴图浏览器"对话框中双击"虫漆",在弹出"替换材质"对话框中如图6-40所示选择,单击决定,得到该材质类型。

步骤2:在"虫漆基本参数"卷展栏中单击"基础材质"右侧的材质按钮,进入"基础材质"的编辑窗口,在"Blinn基本参数"卷展栏中设置漫反射颜色为红220、绿198、蓝190,如图6-41所示。

步骤3:单击材质编辑器水平工具栏中的 按钮,进入"虫漆材质"的编辑窗口,设置该材质的明暗器类型为Oren-Nayar-Blinn,设置漫反射颜色为红220、绿198、蓝190,设置"Oren-Nayar-Blinn基本参数"卷展栏,如图6-42所示。

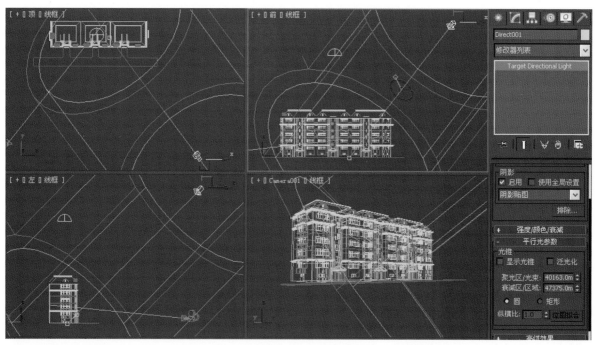

图6-39

图6-40

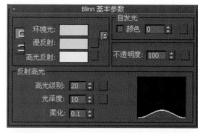

图6-41

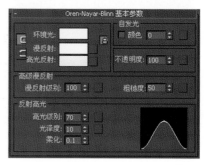

图6-42

步骤4：点击■按钮，返回初始级别，设置"虫漆颜色混合"参数为30，在场景中选择标准层模型，然后在材质编辑器中单击■"将材质指定给选定对象"按钮，将"墙壁"材质赋予选定对象，渲然效果如图6-43所示。

步骤5：底层墙体材质。在视图中选择底层墙体模型，打开材质编辑器，选择一个空白示例球，命名为"毛石墙"，Blinn基本参数设置如图6-44所示，展开"贴图"卷展栏单击"漫反射颜色"后的长按键，打开贴图浏览器，

选择"贴图"双击打开，使用毛石图片文件。按■钮返回上级界面，在"贴图"卷展栏中单击"凹凸"后的长按钮，打开贴图浏览器为材质再加入一次毛石图片文件，模仿毛石质感，如图6-45中，按■钮将材质赋予底层建筑模型。

步骤6：在修改面板为底层墙体加入"UVW贴图"坐标修改，设置如图6-46所示。

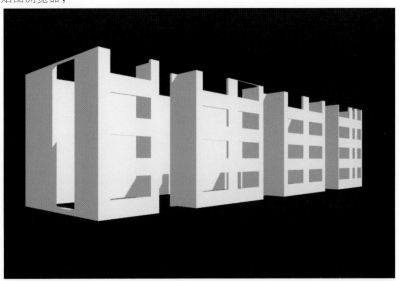

图6-43

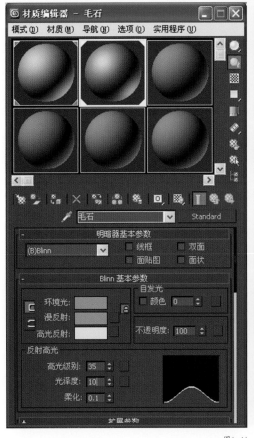

图6-44

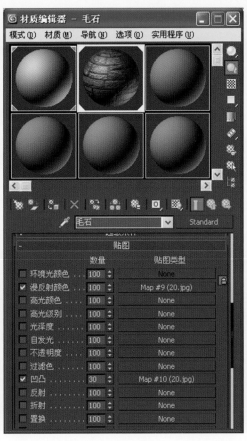

图6-45

图6-46

步骤7：制作楼梯间模型材质（图6-47）。外墙装饰涂料材质，将材质赋予场景内同材质模型（图6-48）。

步骤8：玻璃材质。选择场景内正面玻璃模型，按M键打开材质编辑器，选择一个空白示例球，命名为"玻璃"，Blinn基本参数设置如图6-49所示，展开"贴图"卷展栏，单击"漫反射颜色"后的长按钮打开贴图浏览器，选择"贴图"双击打开，使用一副图片文件模拟玻璃反射

环境效果，如图6-50所示，按 钮将材质赋予底层建筑模型。

步骤9：制作窗户材质。按M键，打开材质编辑器，激活一个空白材质球，将其命名为"窗户"。设置环境光（红190、绿190、蓝190）与漫反射颜色（红240、绿240、蓝240），如图6-51所示。

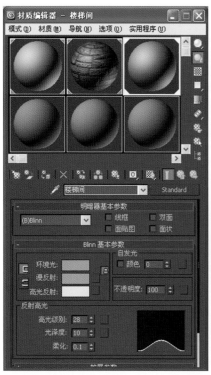

图6-47

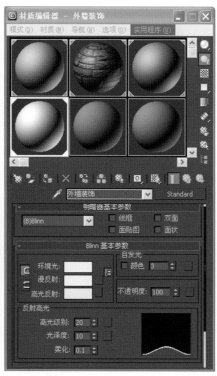

图6-48

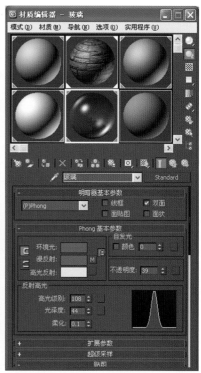

图6-49

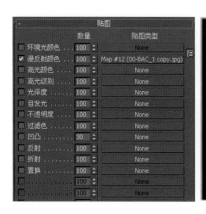

图6-50

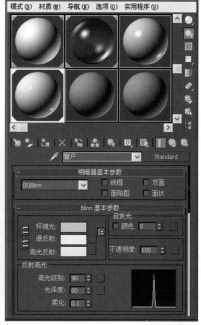

图6-51

74

步骤10：展开"贴图"卷展栏，点击"反射"后的长按钮，打开"材质／贴图浏览器"，选择"光线跟踪"，点击"确定"，点击█返回上一级界面，设置反射数值为10，按█钮将材质赋予窗户模型（图6-52）。

步骤11：制作屋顶材质。打开材质编辑器，选择一个空白的示例球，单击"Standard"按钮，在材质浏览器中

选择"多维／子对象"材质，点击"确定"，在弹出的对话框中选择"丢弃旧材质"（图6-53）。

步骤12：因为要赋予材质的坡屋顶只需要4个面，所以可以按Delete键只保留4个ID材质（图6-54）。

步骤13：选择场景中屋顶模型，为观察显示效果，暂时隐藏其他模型。进入修改命令面板，在"修改器列表"

图6-52

图6-53

图6-54

进入编辑网格的"多边形",在"曲面属性"卷展栏下为模型各个表面分配ID号（图6-55）。

步骤14：再次打开材质编辑面板，点击ID1后的"子材质"按钮，在弹出的"材质／贴图浏览器"面板上选择"标准"材质，点击"确定"，在弹出的"材质编辑器

面板"上点击"贴图"卷展栏下"漫反射颜色"后的长按钮，在打开的贴图浏览器"贴图"卷展栏中选择"位图"，为模型加入瓦面贴图。点击"凹凸"贴图按钮为其加入"位图"贴图，再次贴入瓦面文件（图6-56）。

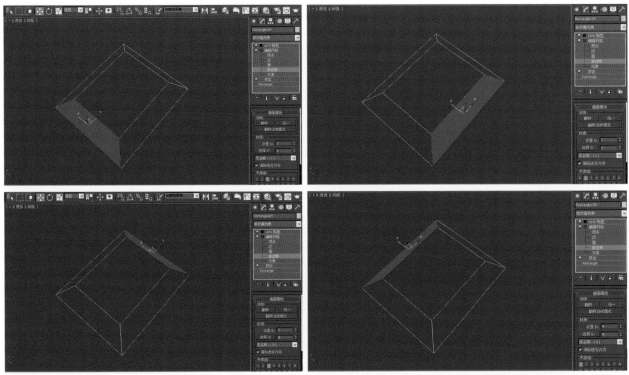

图6-55

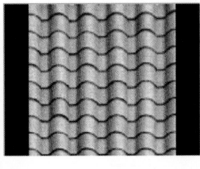
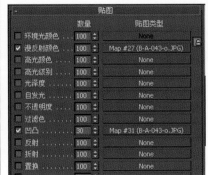
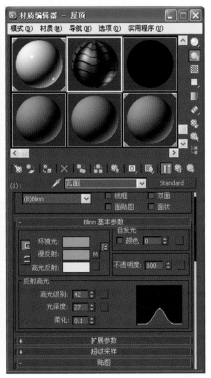

图6-56

步骤15：同步骤14方法为其他ID制作材质贴图（图6-57）。

步骤16：选择场景中的屋顶模型，在修改面板上加入"UVW"贴图坐标修改，如图6-58所示。

步骤17：按█钮将材质赋予屋顶模型，渲染效果发现贴图方向有误，选择贴图方向有误的子材质，进入材质贴图坐标栏，在"角度"下的W项输入90，使贴图坐标发生旋转，渲染视图效果正常了（图6-59）。

步骤18：制作草地材质。选择场景中草地模型，在修改面板上为底层墙体加入"UVW贴图"坐标，设置如图6-60所示。

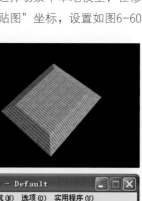

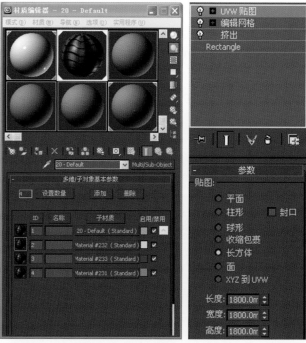

图6-57

图6-58

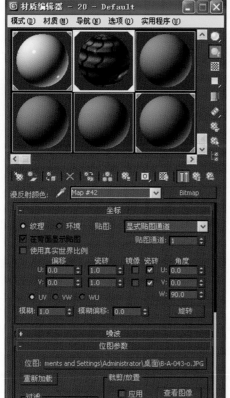

图6-59

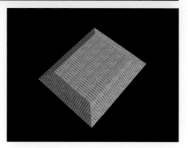

图6-60

77

步骤19：打开材质编辑器，选择一个空白示例球，命名为"草地"，设置Blinn基本参数，展开"贴图"卷展栏，单击"漫反射颜色"后的长按钮打开贴图浏览器，选择"贴图"双击打开，使用一张草地图片文件，按钮将材质赋予草地模型，如图6-61所示。

6.9　渲染出图

步骤1：当场景各项设置制作完毕，还需要对场景灯光、摄影机角度做最后的调节，以做出最好的设计渲染效果，一切完毕，最终出图渲染。对于一般单幅建筑效果表现的渲染，使用软件内设的程序与设置即可，只需调节图幅的大小，点击菜单栏/渲染设置，打开"渲染设置"对话框，在"输出大小"栏设置宽度与高度（图6-62）。

步骤2：点击渲染，渲染计算开始。当软件渲染结束，点击窗口的保存图标，在弹出的"保存图像"对话框中为文件命名，并选择保存路径与文件格式，结束渲染（图6-63）。

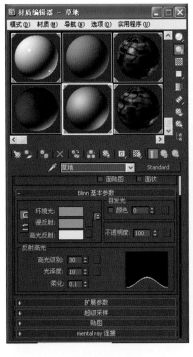

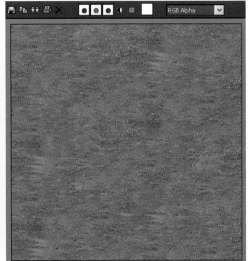

图6-61

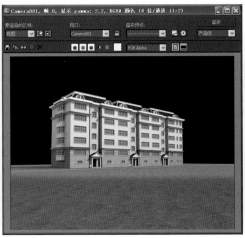

图6-62

图6-63

78

6.10　环境效果图后期处理

步骤1：打开Photoshop软件并打开3DS Max渲染得到的建筑模型文件（图6-64）。

步骤2：使用选择工具选中建筑以外的黑色部分，然后反选，按Ctrl+J键复制一个背景透明的建筑图层（图6-65）。

步骤3：在背景图层上再新建一个图层，填充白色（图6-66）。

步骤4：新建一个透明图层。使用渐变工具，并设置线性渐变模式，在渐变编辑器中设置蓝色天空的渐变效果，然后在新建的透明图层从右上角至左下角制作天空效果（图6-67）。

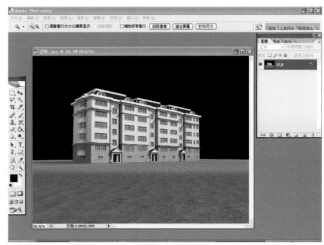

图6-64

图6-65

图6-66

图6-67

步骤5：导入背景树林素材，根据远近、透视、光照方向进行调整（图6-68）。

步骤6：导入前景素材，根据透视效果，使用Ctrl+T键变换调整至适合效果（图6-69）。

步骤7：依次分层人物、飞鸟等配景素材，分别调整大小位置（图6-70）。

步骤8：调整整体效果，根据季节、光线、意境等因素分别调整各层色彩以及虚实效果，再新建一个透明图层，填充淡黄色并将透明度降低至10，将图层样式改为叠加模式，统一画面色调，完成效果图制作（图6-71）。

图6-68

图6-69

图6-70

图6-71

建筑场景漫游动画基础

[本章导读]

本章内容对纷杂丰富的动画制作进行基本介绍，希望学生通过本章的学习，能获得对动画制作基本规律的认识。

7.1 认识建筑漫游动画

在建筑与装饰行业，数字设计已成为主要的设计表达手段。在设计效果上，曾经作为设计效果表现的静态效果图已不能满足当今信息的设计效果表现，而有声有色、具有优美镜头的建筑漫游动画更能完整而全面地展示项目的设计效果，因此，建筑漫游动画行业也飞速发展起来，建筑动画也将是今后建筑表现的发展方向。

根据表现内容，一般将建筑漫游动画分为三种：室外建筑动画、室内建筑动画、环境规划动画。在实际动画制作中，为了丰富画面内容，常将它们综合起来，以体现真实的视觉感受和艺术感染力。

建筑漫游动画的创作是与美术密不可分的，从手绘效果图到建筑漫游动画，都需要借助色彩、空间、构图这些美术训练的基础，这些美术基础不可能被计算机取代，而是更有助于拓展了动画制作的空间，因此，作为一名建筑动画制作人员，对美术的基本认识是必需的（图7-1）。

7.2 建筑漫游动画的制作流程

完整的建筑动画作品就像一部影视作品，为了有效地工作，可以将动画的制作过程基本分为以下几个步骤：

（1）准备工作，构思创意

充分了解工作主题，构思完整的脚本、每段的时间和视觉效果。对于商业动画，充分了解客户的需求是必不可少的。

（2）建立场景模型

模型制作应分主次，主要模型要精细一些，配景也可使用贴图代替，模型应尽量减少面数以利于3D运行。

（3）动画设置

一般先进行摄影机的动画设置，在灯光材质前设置动画主要是为了加快计算机的运行速度。

（4）贴图灯光

依据摄影机的方向和路径设置灯光和贴图。

（5）制作环境

加入树木、人物、汽车、天空等环境，这里会用到大量的插件来制作，在后面的章节会详细讲解。

（6）渲染输出

根据需要渲染出不同尺寸和格式的文件。

（7）后期处理

使用视频编辑软件进行修改、调整、颜色校正，加入雾、云、景深等效果。

（8）非编输出

将经过处理的文件按顺序进行合成，加入转场、音乐、配音，剪辑后输出所需要的完整动画作品。

7.3 摄影机动画制作

摄影机是将3DS Max创建的场景实现拟人化观察的工具，3DS Max中的摄影机与真实的摄影机类似，建筑漫游动画也就是以摄影机运动为主的动画方式。

摄影机动画一般有路径动画和关键帧动画两种制作方式，本节介绍路径动画的制作。其步骤为使用二维图形绘制曲线路径，然后用路径约束控制器将摄影机绑定到路径上，并沿路径运动变换视点，形成动画效果。在制作中，目标点也可制作路径约束，还可以Y轴方向上进行调整，丰富动画的空间显示。

7.3.1 创建摄影机

步骤1：创建一个简单的室内场景模型，在3DS Max中可以同时建立多架摄影机，并制作摄影机动画，对不同摄影机动画的观察可以按C键，选择所需的摄影机，即切换至此摄影机视图。

图7-1

步骤2：点击█/█，设置FOV为65，放置到如图7-2所示位置。现实中人眼的视角大约为75度，为了使制作的动画效果符合视觉习惯，一般选择摄影机的FOV（视角）为65~75mm，焦距为28~24mm，在实际制作中应根据效果需要来调节。

步骤3：点击█按钮打开动画时间设置面板，设置如图7-3所示。

步骤4：为摄影机建立路径约束动画，执行命令█/█/线，在顶视图中如图7-4所示绘制一条曲线，在前视图中

将线段调整至摄影机镜头高度。

步骤5：选择摄影机。点击█（运动）按钮，展开"指定位置控制器"卷展栏，在变换列表中选择"位置XYZ"，然后单击█打开"指定位置控制器"，在列表中选择路径约束。单击"确定"，如图7-5所示。

步骤6：单击"Path Parameters"（路径参数）下的"Add Path"（添加路径）按钮，在顶视图拾取绘制的路径曲线（图7-6）。

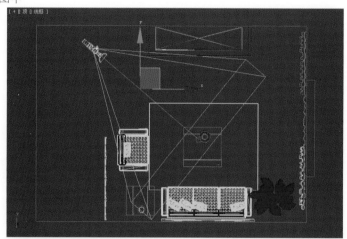

图7-2

图7-3

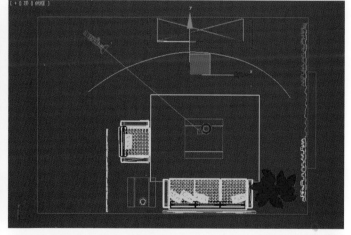

图7-4

图7-5

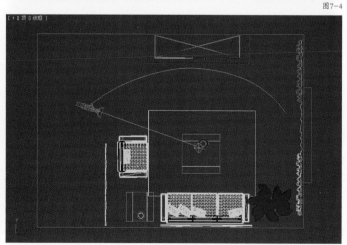

图7-6

步骤7：在视图中调整摄影机目标点的位置，激活摄影机视图，滑动时间轴时间滑动块，即可看到镜头动画效果（图7-7）。

7.3.2　制作摄影机关键帧动画

建筑漫游动画大部分都是以摄影机移动并使用不同焦距视角的镜头来制作出动画效果。在制作方法上有两种方法：一种为摄影机路径动画，另一种为关键帧动画。前面已经介绍了使用路径制作动画的方法，这一节将介绍为摄影机制作关键帧动画的方法。

步骤1：打开光盘提供的场景文件。

步骤2：点击█按钮，打开"时间配置"面板。各项设

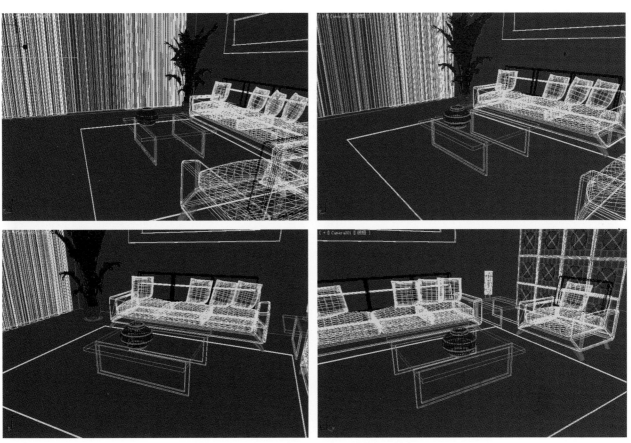

图7-7

置内容如图7-8所示，其中PAL是电视制式，250帧是指动画长度。

步骤3：点击■/▣在场景中创建目标摄影机，设置FOV视角为65，如图7-9所示调整摄影机和目标点，在视图中将摄影机调整到动画开始的位置，也可使用场景中的摄影机。本段动画将制作沿道路观看楼房建筑的一段动画。

步骤4：选择摄影机和目标点，在右键菜单中选择"Properties"（对象属性），在弹出的面板中勾选"Trajectory"（轨迹）选项，这样在编辑动画时可以在视图中看到摄影机和目标点的运动轨迹。如图7-10所示。

步骤5：在摄影机视图名称位置单击鼠标右键，在弹出的菜单中选择"Show Safe Frame"（显示安全框），效果如图7-11所示，这样可以保证动画在安全框内调整，避免超出范围。

步骤6：在工具栏过滤列表中选择摄影机，这样在视图中只能对摄影机执行选择操作，方便操作选择，如图7-12所示。

图7-8

图7-9

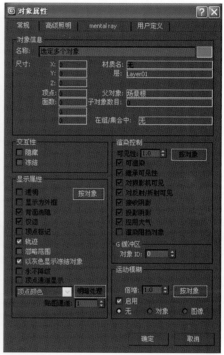

图7-10

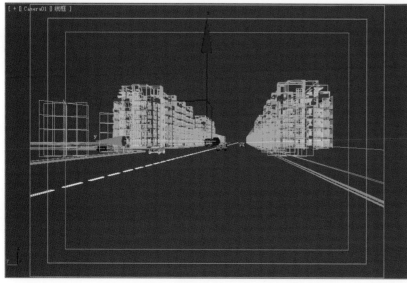

图7-11

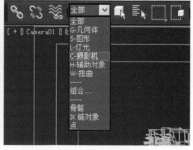

图7-12

步骤7：点击"Auto Key"（自动关键帧）按钮，开始记录动画。

步骤8：选择摄影机，将时间滑块移动到第50帧（也可以在时间输入框中直接输入），在视图中调整摄影机和目标点的位置，就可以看到它们的运动轨迹。摄影机坐标点位置如图7-13。

步骤9：将时间滑块移动到第100帧，在视图中调整摄影机和目标点的位置。摄影机坐标点位置如图7-14。

步骤10：将时间滑块移动到第150帧，在视图中调整摄影机和目标点的位置。摄影机坐标点位置如图7-15。

步骤11：将时间滑块移动到第200帧，在视图中调整摄影机和目标点的位置。摄影机坐标点位置参考如图7-16所示。

步骤12：使用摄影机的无级变焦功能制作一个镜头拉近的效果，将时间滑块移动到第250帧，选择摄影机，在修改面板里调整FOV（视角）参数，旁边的上下箭头会出现红色的角框，系统将自动记录为动画（图7-17）。

步骤13：关闭"Auto Key"（自动关键帧），完成动画记录。

图7-13

图7-14

图7-15

图7-16

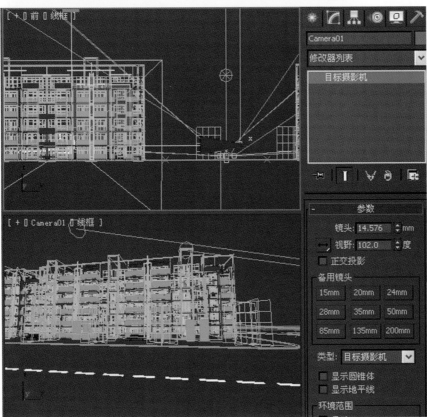

图7-17

7.3.3 调整编辑动画

设置好摄影机动画后，点击▶播放按钮在摄影机视图中播放动画，会发现无级变焦动画并没有按照设置的时间进行，而是从第1帧就开始了，在摄影机设置栏中可以看到视角随镜头的运动在变化。这就需要对动画做进一步的编辑操作。这里将用到Track View（轨迹视图）进行动画编辑。

步骤1：选择摄影机，点击动画制作栏 按钮，打开"轨迹栏"面板，如图7-18所示，图中显示的就是摄影机的运动曲线，红、绿、蓝分别代表视图中X、Y、Z轴上的位置方向，调整这三条线，就可以直接调整摄影机的位置。

步骤2：点击轨迹视图中 按钮，打开"过滤器"设置面板，勾选"动画轨迹"，这样将只显示场景中有动画轨迹的项目，便于动画调整编辑（图7-19）。

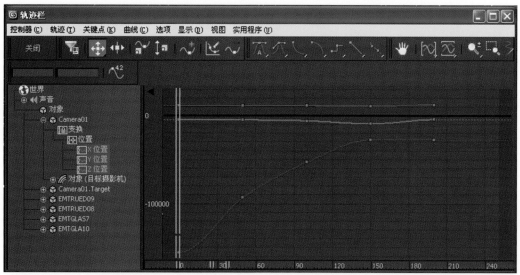

图7-18

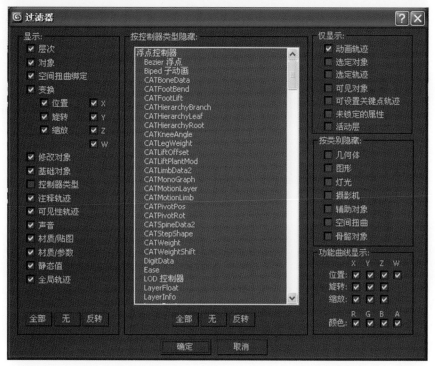

图7-19

步骤3：在轨迹栏左边的项目窗口单击对象（目标摄影机）前的"+"号，展开其下级项目，选择"视野"，右侧编辑窗口显示其相应的视角动画轨迹（图7-20）。

步骤4：选择轨迹栏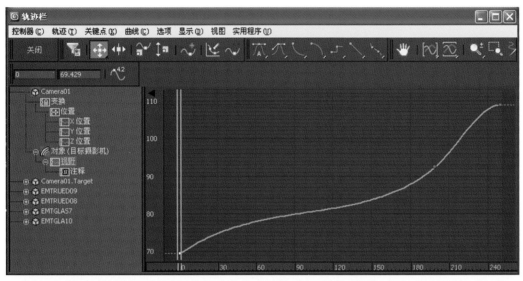工具，选择第一个关键点，点击工具栏■按钮，将路径设置为线形。再选择第二个，将第

二个和结束点都设置为线形。第一、二个关键点和在工具栏设置为初始的摄影机视野都设置为69度（图7-21）。

步骤5：点击动画播放按钮，在摄影机视图播放动画，摄影机变焦速度已经正常。

图7-20

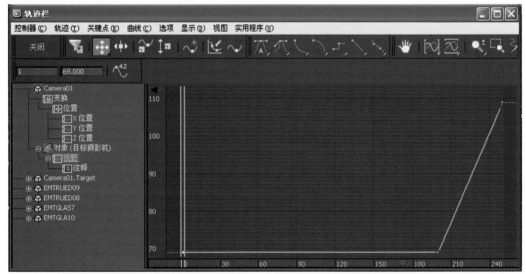

图7-21

动画配景制作

[本章导读]

　　本章通过对几个简单色动画配景实例的讲解，使学生学习动画制作中配景动画的一般方法，增加对动画的认识与了解，增强学习的兴趣与信心。

8.1　水幕喷泉效果制作

　　本节通过光盘提供的喷泉模型，制作流水水幕喷泉的效果。

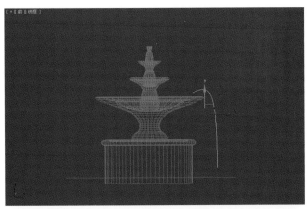

图8-1

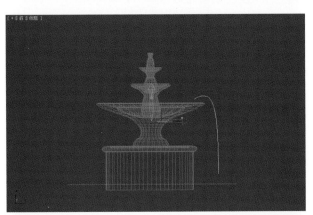

图8-2

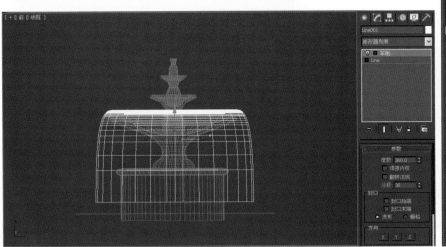

图8-3

8.1.1　制作水幕效果

　　步骤1：打开模型文件，点击 / ，选择线型工具，在前视图石座下面第一节落水边缘绘制一条线段，如图8-1所示。

　　步骤2：打开 层级面板，在"调整轴"卷展栏下点击"仅影响轴"按钮，使用移动工具将线条的轴心点沿X轴向下方向调整到石座中央的位置，如图8-2所示。

　　步骤3：选择线条物体，打开修改面板，在"修改器列表"中选择"车削"修改命令，在修改面板上将片段数调整为30，将封闭起始端和封闭末端选择取消勾选，完成后的模型如图8-3所示。

　　步骤4：按M键打开材质编辑器，选择一个空白的示例球，设置材质基本参数。本例环境色为RGB 58、77、77，漫反射为RGB 138、150、165，如图8-4所示。

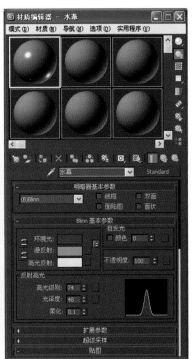

图8-4

步骤5：打开"贴图"卷展栏，为反射通道加入Raytrace反射贴图，并设置贴图强度为50。凹凸通道加入细胞贴图，设置贴图强度为-100，如图8-5所示进行设置。

步骤6：制作水幕流淌效果，点击"Auto Key"（自动关键帧）按钮，将时间指针拖动到最后一帧，调整"Bump Coordinates"（凹凸通道）卷展栏下"Offset"项X：1000，Y：1000，Z：1000（图8-6）。

8.1.2　制作水花

步骤1：制作水花模型，使用■／●／长方体工具，在顶视图创建一长方体，设置如图8-7所示。

步骤2：在"修改器列表"中加入"FFD 3x3x3"修改命令，展开"FFD 3x3x3"前的"+"号，选择"控制点"，在视图中选择中间一组控制点进行调整，如图8-8所示。

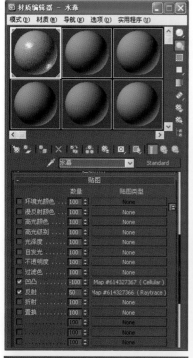

图8-5

图8-6

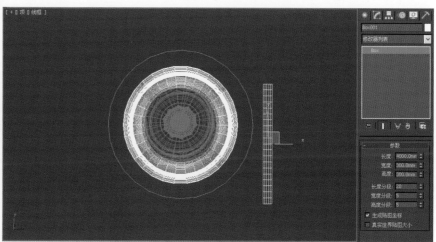

图8-7

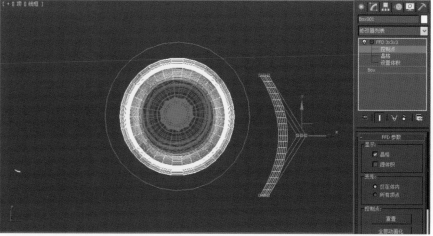

图8-8

步骤3：在"修改列表"中再选择"噪波"修改，设置如图8-9所示。点击"播放"按钮，可以看到水花的跳动效果。

步骤4：按M键打开材质编辑器，选择一个空白的材质示例球，将"Blinn基本参数"卷展栏的参数设置环境光为RGB 160、161、185，漫反射为RGB 233、244、244，参照图8-10进行设置。

步骤5：打开"贴图"卷展栏，在Opacity（不透明）通道上将Amount（数量）参数值调整为50，并加入Noise（噪波）贴图，设置如图8-11所示。

步骤6：再为其加入一个"FFD 3x3x3"修改命令，展开"FFD 3x3x3"前的"+"号，选择"控制点"，调整为如图8-12所示效果。

步骤7：选择水花物体，使用"实例"复制方法，复制3个水花物体，经过旋转、移动，得到如图8-13所示的位置。

步骤8：制作出另外三组水幕效果，结束水幕喷泉制作，如图8-14所示。

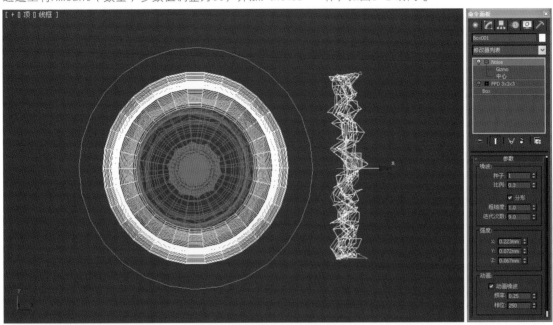

图8-9

图8-10

图8-11

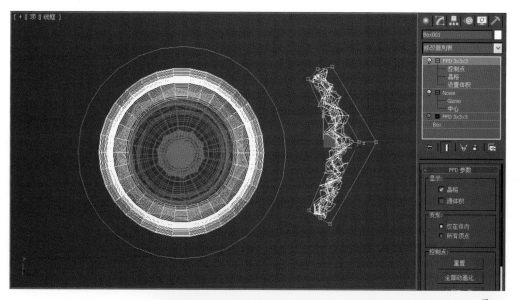

图8-12

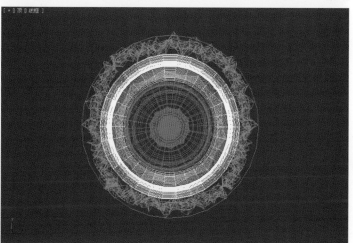

图8-13

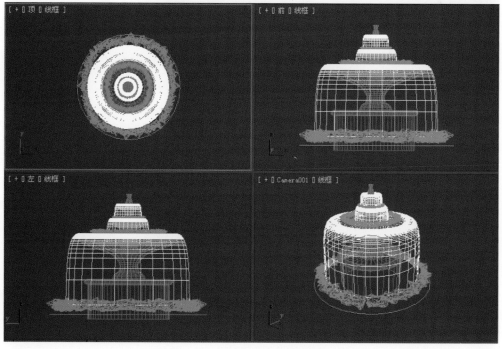

图8-14

8.2 车辆行驶动画制作

这一节使用配套光盘提供的室外场景B.max场景文件来制作行驶中的汽车动画。本场景已经设置了摄影机动画，激活摄影机视图，可以点击播放按钮观看动画效果。

8.2.1 汽车路径动画

在前面章节介绍过摄影机的路径动画，对路径有了一定的认识，这一节讲解通过指定路径，制作汽车在直道或弯道的行驶动画。

步骤1：创建一个带有公路的场景文件，执行 / ，选择线型工具，在顶视图绘制如图8-15所示的三条线段，我们将使三辆汽车沿此路径行驶。

步骤2：执行 / 导入 / 合并命令，分别导入三辆汽车模型，如图8-16所示，模型是已经设置了材质的成组模型。如果比例不一致，可用 缩放工具调整模型和场景的比例，在Y轴向使用 移动工具将车辆模型放置在路面上。

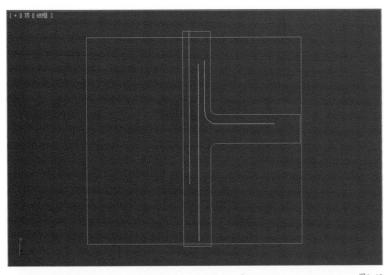

图8-15

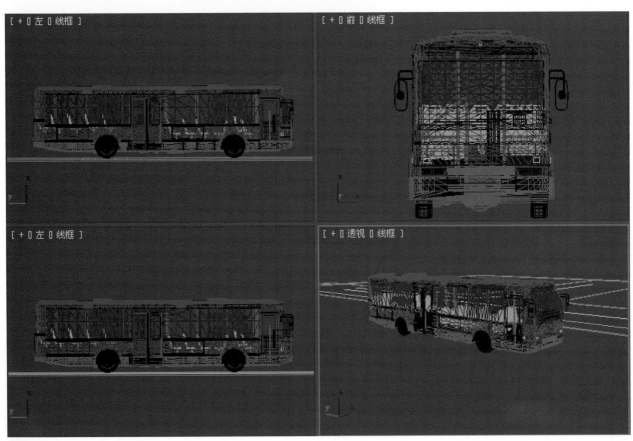

图8-16

步骤3：将汽车车身执行菜单命令组／成组，使车轮与车身分离（图8-17）。

步骤4：单击一个前车胎模型，点击右键菜单，执行"转换为可编辑网格"，在变动命令面板上点击"附加"按钮，在视图中依次点击汽车前轮所有模型，将他们结合为一个物体，同法结合后轮所有物体，分别命名为"前轮"、"后轮"。

步骤5：单击工具栏 链接工具，分别选择前后轮胎模型，并拖动鼠标到"汽车组"上，松开鼠标，模型高亮显示一下，表明链接成功。这样车轮将和车胎一起移动。

步骤6：制作车轮旋转动画，在工具栏中选择 工具，

选择汽车前轮，切换为侧视图，打开"自动关键帧"，按F12键，弹出"旋转变换输入"对话框，在Z轴项输入360，即车轮向车头方向旋转360度，如图8-18所示。

步骤7：制作汽车后轮循环旋转动画。

步骤8：选择车身，单屏显示顶视图，确定车身与路径方向一致，可使用 旋转工具，调整车身方向，如图8-19所示。

步骤9：选取车身模型，点击 运动命令面板。在"指定控制器"卷展栏下选择"位置：路径约束"，再点击 按钮打开"指定位置控制器"，从中选取"路径约束"（图8-20）。

图8-17

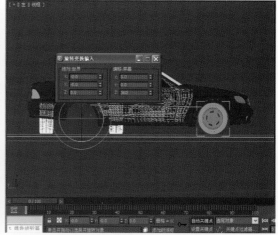

图8-18

图8-19

图8-20

步骤10：在运动面板下的"路径参数"卷展栏中点击"添加路径"按钮，在视图中选择汽车对应的路径，并勾选"跟随"，这样汽车可以随着曲线转弯，改变"%沿路径"的参数将改变汽车在路径上的位置，如图8-21所示。

步骤11：制作另外一辆车的行驶动画。

8.2.2 行驶的汽车

汽车在行驶时应该有上下颠簸的特点，为模仿这一效果，为在公路上行驶的汽车加入噪波控制器，让它产生上下的波动，使其更加真实。

步骤1：选择汽车轮胎，单击 进入运动命令面板，在"指定位置控制器"下选择"位置列表"，单击 在打开的控制器列表中选择"位置列表"控制器，单击"确定"，如图8-22所示。

步骤2：在指定控制器下选择"位置列表"层级，选择其下的"可用"，单击 ，在弹出的"指定位置控制器"列表中选择"噪波位置"控制器，单击"确定"，在弹出

的噪波控制器对话框中设置参数如图8-23所示。

步骤3：选择后车轮，加入噪波控制，拖动时间滑块观察，车轮在旋转的同时，还产生了上下波动的效果。

步骤4：激活摄影机视图，点击 播放钮可以看到随着镜头的移动汽车在场景中行驶的状态。

8.3 场景中的人物制作

制作建筑动画时，在动画场景中加入人物，不仅可以使动画更加真实，活跃气氛，而且也反映了建筑与人之间的和谐关系。人物也是建筑动画制作中的一个难点，在动画制作中，一般采用以下几种人物制作方法：不透明贴图方法，三维建模方法，以及使用RPC全息三维模型库。

8.3.1 使用不透明贴图制作人物

此方法制作简单，能有效减少场景多边形数量，但它只能显示一个角度的效果，也无法制作俯视效果，因此这种方法比较适合表现远景和配景人物。使用不透明贴图制

图8-21

图8-22

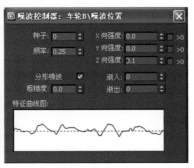

图8-23

作人物，首先要有制作好的黑白位图，本节可使用光盘提供的文件练习。

步骤1：点击■ / ■ / 按钮，在前视图中创建一个长宽分别为1800mm、800mm的与真人长宽比例相当的平面物体，并移动到地面物体上。

步骤2：在视图中建立一架摄影机，执行菜单动画 / 约束 / 方向约束命令，出现虚线，点击摄影机，将平面体约束到摄影机镜头方向上，这样使平面方向始终对应着摄影机的镜头，在顶视图中移动摄影机观察效果，可以发现平面总是对应着镜头，如图8-24所示。

步骤3：按M键打开材质编辑器，选择一个空白示例球，分别在过渡色通道和不透明通道指定光盘提供的图像文件和黑白位图文件，并设置材质属性如图8-25所示。

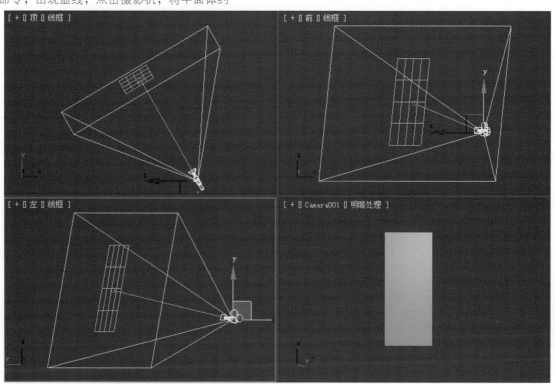

图8-24

图8-25

步骤4：将材质赋予Plane平面体，渲染效果如图8-26所示。

8.3.2　三维建模制作动画人物

3DS Max的建筑漫游人物动画的设置主要使用CS系统（Character Studio），它可以满足各种人体动画制作，对于一般的行走、跑步、跳跃动作还可以自动生成。制作人物动画的步骤可以分为建立人体模型、建立骨骼、骨骼与模型对位、Physique蒙皮、调节动作、调整封套等几步来制作。其中建立人体模型在本节学习中没有涉及，下面将使用外部已经建立的模型来制作动画。

步骤1：先来处理一下人物模型，点击文件／重置，重新设置3DS Max软件，执行自定义／单位设置，设置单位为毫米。

步骤2：打开光盘提供的人物模型。这个模型由多个身体部位组成，先将各部分结合起来，然后为身体各部分设定材质，打开材质编辑器，选择"多维／子对象"材质，分别设置人物衣服、皮肤、头发等材质贴图（图8-27）。

步骤3：选择人体模型，打开修改命令面板，展开"可编辑网格"，选择"元素"，向上滑动面板到底部"表面属性"，在视图中单击人体模型不同部位，将红色显示，将材质编辑器下的ID号输入至修改面板下"表面属性"卷展栏下"设置ID"后的输入框，如图8-28所示。

图8-26

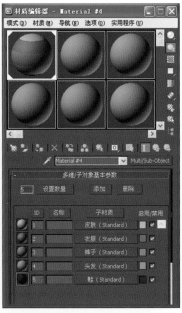

图8-27

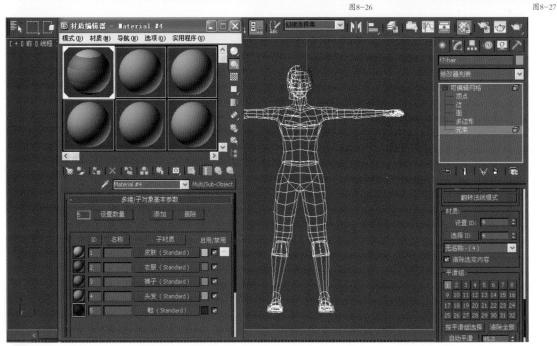

图8-28

步骤4：加入骨骼。点击■／■／Biped，在前视图中从模型脚低向上创建与人体模型等高的骨架。结合左视图，选择骨架的根节点，将骨架移动到模型的垂直线上，如图8-29所示。

步骤5：单击◎进入运动面板，在"Biped"卷展栏中

单击 ■（形体），在"结构"卷展栏中如图8-30所示进行设置，其中"手指"、"手指链接"分别设为5和3，"脚趾"和"脚趾链接"设为1即可，在"躯干类型"中可选择不同的骨骼类型。

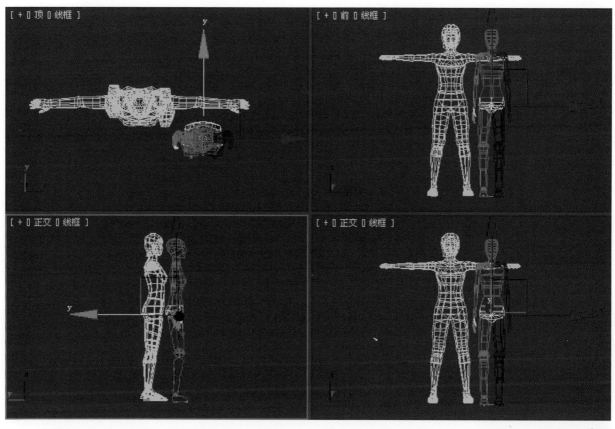

图8-29

图8-30

步骤6：使用 ⊕、⟳、▦ 工具调整骨骼和模型对位。在对位时，要从不同视图来观察对位效果，如图8-31所示。

步骤7：对应骨骼需要对人体结构有一定的了解，一般是先对应骨骼的根节点（Bip01骨骼），骨骼的移动也必须选择根节点来完成。经过精细调整，最后完成骨骼的对位（图8-32）。

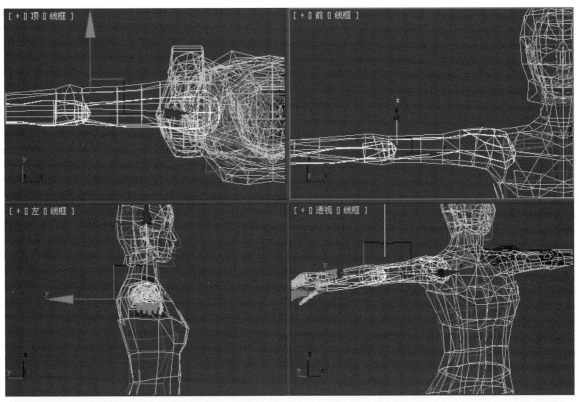

图8-31

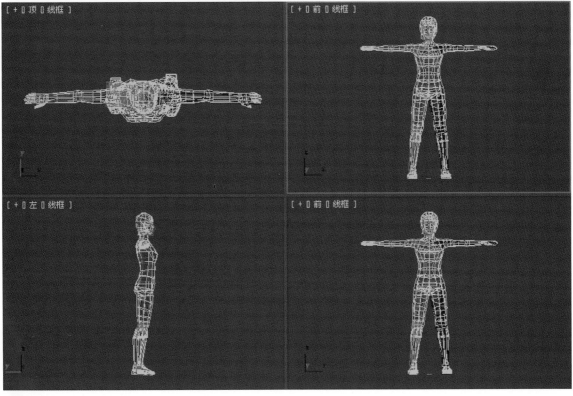

图8-32

步骤8：加入Physique修改器。选择人物模型，进入修改命令面板，在"修改器列表"中选择"Physique修改器"。在"Physique"卷展栏下单击█连接到节点按钮，然后选择骨骼根骨点，在弹出的"Physique初始化"对话框中直接点击"初始化"按钮完成骨骼与模型的链接。这时，可以看到贯穿骨骼的黄色链接的线段，每段线段代表着对应的骨骼，如图8-33所示。

步骤9：制作行走动画。选择骨骼，进入█运动面板，单击"Biped"卷展栏下的█步迹按钮，面板跳转为步迹动画模式，点击█建立脚步按钮，在弹出的对话框中输入

脚步数，如图8-34所示。

步骤10：单击"确定"，创建步迹，场景中会出现代表左右脚步的蓝绿色步迹。

步骤11：单击"足迹操作"卷展栏下的█创建关键帧动画按钮，单击▶播放，即可看到人物行走的动画效果。

步骤12：同时，可以发现人体模型发生了变形，这需要对蒙皮封套进行修改，选择人物，进入修改面板，单击"Physique"前的+号，选择"封套"级别，在"混合封套"卷展栏下进行封套的修改，如图8-35所示。

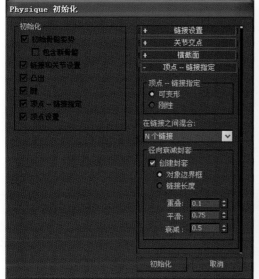

图8-33

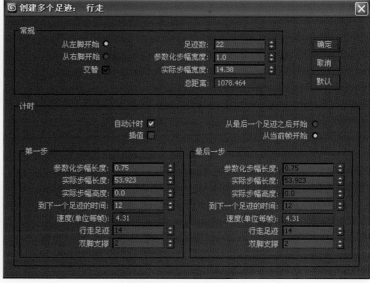

图8-34

图8-35

步骤13：人物模型中的黄色线段对应相对的骨骼，点击黄色线段，出现红色和紫色的轮廓线，代表封套的内边界和外边界，在"混合封套"卷展栏下，可以通过选择链接或节点，在"内部"、"外部"、"二者"进行缩放或移动调节（图8-36）。

步骤14：调整骨骼位置。加入了Physique修改器的人体模型受骨骼控制，不能直接移动，点击"Biped"卷展栏下的移动全部方式按钮，进行调整对位，动画播放效果如图8-37所示。

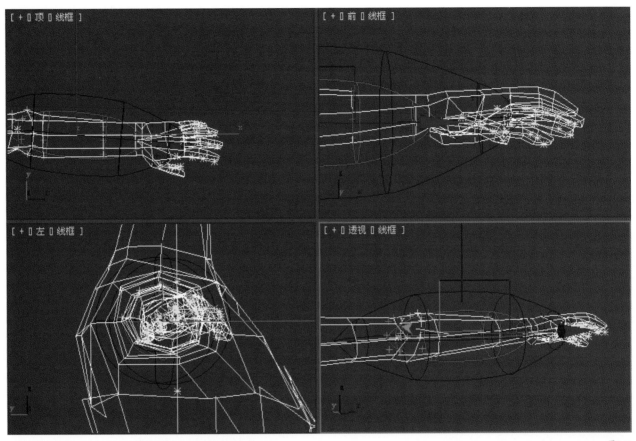

图8-36

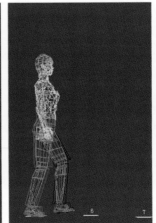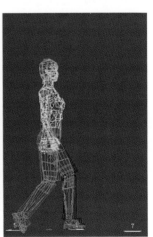

图8-37

19

建筑动画的渲染与输出

[本章导读]

渲染器是最终输出设计作品的必须过程，渲染器的设置对渲染效果有直接的影响，因此，应充分利用渲染器的设置来达到更加完美的设计效果。

9.1 渲染器介绍

（1）线性扫描渲染器

3DS Max从5.0版本开始，在传统线性扫描渲染器外增加了"光线跟踪"和"光能传递"的计算方法。在第五章中我们已经学习了使用光能传递来渲染室内静帧的方法。在进行室外漫游动画渲染时，由于线性扫描渲染器有着快速的渲染速度，比较适合室外动画的渲染输出。

需要选择使用线性扫描渲染器时，单击主工具栏 按钮打开"Render Scene"（渲染设置）面板（图9-1）。"公用"选项的底部是 "指定渲染器"卷展栏，3DS Max默认的渲染器为线性扫描渲染器，如果要选择其他渲染

器，单击"产品级"栏右侧的按钮，在弹出的"选择渲染器"对话框中选择需要的渲染器，当安装了其他渲染器插件，相应的渲染器也会在该列表中显示，如图9-2所示，使用线性扫描渲染器。

（2）插件渲染器

3DS Max软件还支持其他渲染器，常用到的还有Mental Ray、Brazil、Final Render、VRay等，Mental Ray渲染器已整合到3DS Max软件中，其他渲染器可通过插件安装来使用，每个渲染器都有各自的特点，正确设置使用均可达到满意的效果。

9.2 渲染设置与输出

在对建筑动画输出时一般只需要在"公用"项的"公用参数"和"输出大小"卷展栏下设置输出动画的大小、输出格式、保存位置等，其他参数保存为默认设置，如图9-3所示。

（1）在"公用参数"卷展栏下的"时间输出"项用于

图9-1

图9-2

图9-3

设置需要渲染的内容，静帧的效果图一般选择"单帧"，"范围"可以设置动画输出帧的范围，"帧"为选择需要输出的帧来渲染。

（2）"输出大小"用于确定渲染图像的规格，这是渲染输出一个非常关键的参数，可直接在"宽度"和"高度"框中输入图像的高度和宽度的参数，单位为像素，下面的"图像纵横比"框用于设置长与宽的比率。点击锁型按钮可以将图像输出长宽比锁定。设置图像长与宽的任一尺寸时，另外的一个尺寸就会根据比率的大小产生变化。"自定义"下拉菜单中提供了用于各种用途的输出尺寸，一般建筑动画选择PAL-D（Video）选项，这是目前能在我国电视上放映的标准格式。它的比率是固定的，即1.33333，标准的渲染尺寸是720X576像素，它能保证动画在我国所有的电视上观看且图像不会在尺寸上变形。

（3）"选项"栏一般采用默认设置，三项默认设置的含义分别为："大气"选项是指场景中设置的大气效果是否进行渲染，如"雾"、"燃烧"等特效。"效果"栏指是否渲染特殊镜头效果，如模糊等。"置换"栏是指渲染场景中的贴图置换效果。

（4）"渲染输出"栏设置渲染得到的图像或动画文件保存的方式。单击"文件"按钮，弹出对话框，如图9-4所示，用户可选择保存的文件格式、位置和文件名。一般包括两种文件类型：一种是静帧图像，如BMP、JPG，另一种是动画文件，如AVI。如果在"时间输出"选项组中设置的是多帧输出，而在这里选择的又是静帧图像格式，那么渲染输出时，每帧都将保存为一个单独的图像文件。

参数设置完成后，单击"渲染"按钮，3DS Max即开始渲染，渲染时间由场景的复杂程度、动画时间的长度及机器的配置决定。

9.3　渲染输出文件的格式

9.3.1　渲染输出的常用图像

AVI动画格式：这是Windows平台通用的动画格式，压缩方式众多，选择此文件格式时会弹出一个如图9-5所示的窗口来设置视频压缩方式。

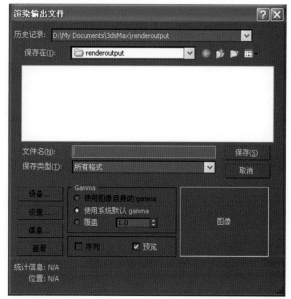

图9-4

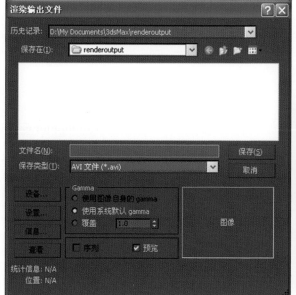

图9-5

BMP图像格式：这是Windows平台标准的位图格式，使用较广泛，它支持8位（256种）颜色和24位真彩色两种模式，但不能保存Alpha通道信息。

JPG图像格式：这是一种高压缩比、有损压缩真彩色图像文件格式，在网络等注重图像大小的领域应用广泛。

PNG图像格式：PNG是 Portable Network Graphics（轻便网络图形）的缩写，是一种专为互联网开发的无损压缩静帧图像文件，可以支持24位图像，能产生没有锯齿边缘的透明背景，支持带一个Alpha通道的RGB模式和灰度模式，不带Alpha通道的各种位图模式、索引模式等。

TGA图像格式：TGA是一种通用性很强的真彩色图像文件格式，有16位、24位、32位等多种颜色级别可供选择，它可以带有8位的Alpha通道，并且可以进行无损压缩处理。

TIF图像格式：TIF是印刷行业标准的图像格式，通用性很强，几乎所有图像处理软件都可识别。可在多个不同硬件计算机之间进行数据交换，是最佳的位图格式。

RLA、RPF图像格式：通常用于图像在合成软件中的后期合成，是一种包括着详细的三维图形信息的文件格式，它能包含3D中的材质ID信息、空间Z轴信息等。在使用后期处理软件合成时，可以利用这些信息对图像进行各种特效合成。

MOV图像格式：苹果计算机Macintosh系统上标准的视频播放格式，可使用Quick Time软件播放，现在亦可在PC上使用，与Windows系统的兼容性也很好。

9.3.2 动画输出格式

在对建筑动画进行渲染输出时，可以使用静帧图像格式，也可直接渲染为动画格式。采用静帧图片渲染输出，每一帧的渲染结果保存为一个单独的图像文件，得到一个以"名称+序列号"命名的图像序列，这样可以避免因计算机在渲染过程中出现错误而前功尽弃。

当需要在Premiere等后期软件中进行合成处理处理时，在"Import"（导入）对话框中勾选"Numbered Stills"选项，就可以将图像序列中的所有图像作为视频动画导入软件进行工作。如果要选择静帧图像的格式，应该根据后期合成特效添加和处理的需要来选择，如果希望保存三维软件中的材质ID、Z轴等信息，以便在后期合成中使用，则必须保存为RAL或RPF的文件格式。

使用3DS Max软件制作出的动画文件，只是完整产品的一部分，还需要后期制作软件进行合成编辑，如Combustion、 After Effects、 Premiere Pro等，才能制作出赏心悦目、令人信服的设计展示效果，这些软件的学习与使用方法，本书不再累述，对于本书所介绍的方式方法，是为了使3DS Max软件初学者掌握其基本操作。作为一个好的设计渲染表现人员，需要不断地摸索、学习才能制作出好的动画制作作品。